미용 기기학

저자 약력

김유정 여주대학교 뷰티약손미용과 학과장(교수)
김나영 여주대학교 뷰티약손미용과 겸임교수/건국대학교 향장과학연구소 팀장
이선영 한서대학교 피부미용학과 전임교수
최은영 구미대학교 헤어메이크업뷰티디자인 전공 교수
이혜영 삼육보건대학 피부건강 관리과 교수
김숙희 건국대학교 미래지식교육원 학과장(교수)

미용 기기학

2014년 3월 2일 초 판 인쇄
2014년 3월 5일 초 판 발행
2018년 9월 10일 초판 2쇄 발행

저 자 김유정 김나영 이선영 최은영 이혜영 김숙희
발 행 인 조규백
발 행 처 도서출판 구민사
(07293) 서울특별시 영등포구 문래북로 116, 604호(문래동3가 46, 트리플렉스)
전 화 02.701.7421~2
팩 스 02.3273.9642
홈페이지 www.kuhminsa.co.kr
신고번호 제 2012-000055호(1980년 2월 4일)
I S B N 978-89-7074-880-1 93150
값 22,000원

미용 기기학

김유정 김나영 이선영 최은영 이혜영 김숙희 지음

구민사

머리말

국외의 흐름대로 국내의 미용은 단순함을 벗어나 의료에도 접목시킨 뷰티의료관련산업이 커져가고 있음에 발 맞춰 국내·외 미용기기의 발전과 기기관리를 이용한 관리법은 다양해 지고 있다. 한류의 열풍으로 의료관광 및 미용기기관련 상품으로도 특별한 관리법을 개발해 내고 있음에 피부미용인들의 노력은 지금도 이루어지고 있다고 본다. 본 교재는 미용산업에 종사하고 이를 교육함에 큰 사명감으로 관리의 효과를 극대화 시키기 위함이고, 미용전공자 . 피부미용 관련 종사자로서 미용기기관리의 기본적인 이론부터 최근의 미용기기와 관리법까지 구성하여 샵 및 병원내 관리법에 도움이 되고자 한다. 손으로 하는 관리법 못지 않은, 기기의 도움을 받고 기기와 함께 더욱 좋은 관리법은 고객들에게 사랑을 받으며 발전해 가고 있다.

이에 관련 취업자는 늘어가고 또한 의료와 접목된 국내의 현재 상황에서도 보다 현장에서도 쉽게 일할 수 있는 여건을 갖추게 해주고 있어 앞으로의 전망도 클 것으로 보인다.

보기 쉽고 편하면서 꼭 필요한 것에 대한 내용을 익히고 피부의 건강과 아름다움을 유지,개선 효과를 주고자 하는 피부미용인이자 뷰티의료관련산업에도 꾸준히 필요한 중심역할이 되길 바라며…

2014년 갑오년 새해에 저자

c o n t e n t s

제2장 전기미용관리를 위한 기본과학

1. 물질과 원소

2. 원자의 구조(Automic structure)

3. 전기 미용관리를 위한 전기학

4. 전류의 분류

제3장 피부관리에 이용되는 전류

제4장 안면관리를 위한 기기

제5장 전신관리를 위한 기기

제6장 림프드레나지

제7장 광선관리 기기

제8장 메디컬 기기관리

제1장

기기관리를 위한 인체 생리

Beauty
Electrotherapy

01
세포의 구조와 기능

세포는 원시적인 생명체(바이러스)를 제외한 살아있는 모든 생물의 기초단위이고, 인체 기본 구조 및 활동 단위이다.

세포는 핵을 갖고 있는 진핵세포(eukaryote)와 핵을 갖고 있지 않는 원핵세포(prokaryote)로 나뉜다. 세균과 같이 매우 원시적인 단세포생물은 원핵세포에 속하며, 고등한 단세포생물과 모든 다세포생물은 진핵세포로 구성된다. 세포의 크기는 매우 다양하며 세포의 주요 기능은 단백질을 합성하는 것으로, 신체를 구성하는 조직과 큰 기관을 만들기 위함이다.

1) 세포의 구조

세포는 원형질르 이루어져있으며 세포핵(cell nucleus)과, 그 주위를 둘러싸는 세포질(cytoplasm), 세포막(cell membrance)으로 나뉜다. 인체 세포의 평균 크기는 10~30㎛이며 기능에 따라 모양과 크기가 다양하다.

(1) 핵(Nucleus)

세포체 중심에 위치하고 있으며 세포의 대사작용과 생식에 중요한 부분으로 핵막에 의해 둘러싸여 있다. 핵은 적혈구와 혈소판을 제외한 모든 세포 내에 존재한다. 핵의 주요 기능은 세포의 대사 또는 증식 및 유전지배 등을 관할하고 세포가 분열할 때 주도적인 역할을 하는 조절센터(control center)기능과 DNA를 갖고 있어 유전인자의 정보센터(gene activity center)기능을 한다. 세포 내에 보통 1개가 있으며, 핵의 주성분은 염색질이고 여기에는 유전정보를 가진 DNA가 들어 있다. 핵 속에는 보통 한 개 내지 몇 개의 핵소체가 존재하며, RNA가 들어 있다. DNA를 형틀로하여 생산된 RNA는 핵공을 통해 세포질로 나간다.

(2) 세포질

세포질은 핵을 제외한 여러가지 유형성분인 세포소기관과 그 사이를 채우는 무성 성분인 세포 포함물로 이루어져 있다. 콜로이드 구조이며 점성·탄성 등의 성질도 가지고 있다. 세포질은 세포막과 핵사이의 세포기질로서 물 75~80%, 전해질 1.5%, 단백질 10~20%, 지질 2~3%, 탄수화물 1% 등이 포함되어 있다. 그리고 주성분인 단백질과 탄수화물, 지질, RNA도 함유하고 있으며 세포성장, 번식, 자기 복제에 필요한 영양을 포함하고 있다. 세포질의 세포소기관 중에서 중요한 것을 들어 보면 다음과 같다.

① 미토콘드리아(Mitochondria)

콘드리오솜 또는 사립체(絲粒體)라고도 한다. ATP(adenosine triphosphate)라고 불리우는 세포의 에너지원을 합성 · 공급하는 장치이며, 막대 모양 또는 실 모양을 하고 있다.

크기는 너비 0.5㎛, 길이 2㎛ 정도 되는 것이 많으며 모양은 생물종에 따라 각각 특징이 있고, 호흡에 관여하는 각종 효소를 가지고 있다. 표면은 두 겹의 막으로 되어 있고, 안쪽의 막은 내부로 돌출하여 내판을 형성한다. 내판에는 ADP로부터 ATP를 합성하는데 관여하는 일련의 효소계가 들어 있어 세포내의 중요한 에너지 대사장치 세포의 각종 기능, 즉 물질합성과 물질 이동 및 근수축 등의 에너지원으로 쓰인다.

② 형질내세망(리보솜(Ribosome)과 소포체(Endoplasmic reticulum))

세포질에 분포하며, 조면소포체의 표면에 부착되어 있다. 단백질 합성이 이루어지는 곳으로 호염기성이며 모든 생물종의 세포에서 발견되고, 1개의 세포당 1,000~100만개가 들어 있다. 세포내 망상구조라고도 한다. 리보솜이라는 리보핵단백질 과립이 부착되어 있는 것을 조면형질내세망(조면소포체), 이 과립이 붙어 있지 않은 것을 활면형질내세망(활면소포체)라고 한다. 조면형질내세망에는 간단한 주머니 모양의 막구조로 알이나 배에서 볼 수 있는 것과 이자나 간과 같이 주머니를 접은 것처럼 겹쳐진 것이 있다. 주요한 기능은 리보솜에 의한 단백질 합성이다. 합성된 단백질은 직접 소포체의 내강(內腔) 안으로 들어가 농축·저장되거나 운반되어 골지체로 가서 분비단백질이 된다. 활면형질내세망에서는 지질과 스테로이드가 합성된다.

③ 골지체(Golgi body)

골지체 본체의 구조는 편평한 구조의 소포인 시스터나(cisterna)로써 3~10개가 나란히 겹쳐 층상구조를 이루고 있다. 골지체의 주요기능은 분비작용이다. 선세포(腺細胞)의 소포체에서 합성된 분비 단백질이 골지체로 운반되고 그곳에서 농축되면 분비과립이 되어 세포 밖으로 분비된다. 그리고 당단백질 · 점액 및 당류의 합성에도 관여하고 지방을 흡수하는 기능이 있다. 골지체는 주로 막구조로 되어 있기 때문에 인지질과 단백질 성분이 많으며, 알칼리성 포스파타아제 · 비타민 C · 카로틴 등을 함유한다.

④ 리소좀(Lysosome)

한 겹의 막으로 싸여 있는 공 모양의 소체이며, 대개 미토콘드리아보다 약간 작다. 가수분해효소를 함유한 작은 과립을 많이 가지고 있으며, 세균 등의 이물질을 소화하는 역할을 한다. 이 효소의 작용으로 당원질은 포도당으로 단백질은 아미노산, 지질은 지방산과 글리세롤로 분해시켜 세포대사에 이용을 촉진시킨다.

(3) 세포막

세포의 표면을 기계적으로 싸고 있을 뿐만 아니라, 내부와 외계 사이에서 물질이동이나 막전압 발생 등에도 중요한 역할을 한다. 세포막의 주성분 인지질은 분자의 한쪽 끝부분이 극성이 커 친수성을 띠고, 나머지 긴사슬 부분은 극성이 작아 소수성을 띤다. 이렇게 인지질 이중막 구조로 구성되어 있는 세포막은 세포 내부것은 안쪽에, 외부것은 밖에 있도록 유지하며 세포가 환경과 교환해야 할 시기에는 선택적 투과(selecitve permeability)를 하게 된다. 또한, 외부신호를 받아들여 반응하는 과정인 세포신호전달(signal transduction)에도 관여한다.

① 세포막과 물질이동

생명체는 생명력을 유지하기 위하여 세포 내로 영양분과 산소 등을 공급하고 세포 내의 대사 작용에 의하여 생성된 노폐물을 세포 밖으로 배출함으로써 항상성을 유지하고 있다. 이와 같이 인체의 모든 생리적 기능은 물질이동에서 시작된다. 세포막은 세포 내로 들여 보낼 것과 들여보내지 않을 것을 결정하는데, 이는 세포의 내부 환경을 통제하는 역할을 하며 세포의 염분, 유기물질, 수분, 그 밖의 여러 성분의 정확한 균형을 유지시켜 주는 것이다. 세포막의 투과성은 농도 차에 의해 세포막의 단위 영역을 통과한 운반 속도이다. 세포막은 반투막으로 어떤 물질은 통과시키지만 어떤 물질은 통과시키지 않는 선택적 투과성을 갖는다. 일반적으로 이온이 세포막을 통과하는 속도는 매우 느려서 세포질이나 세포외액에서 같은 거리만큼 확산하는 속도의 10^{-}정도 밖에 되지 않는다. 이와같이 세포막을 통해서 흐르는 이온의 운동성이 느린 것은 지질 이중층의 전기저항이 높기 때문이다. 세포막은 실질적으로 이온을 통과시키지 않아 이온의 전하를 분리시켜 분극 상태를 만들 수 있다. 이것은 세포막의 한쪽 면은 음전하가 생기고 다른 한쪽 면에는 양전하가 생겨 얇은 세포막을 사이에 두고 정전기적인 상호작용을 유지하게 한다. 세포막을 통한 물질의 이동 방법에는 두가지 방법이있다. 첫 번째 방법으로는 수동적(물리적) 이동방법으로 에너지의 공급없이 일어나는 단순분자에 의한 확산, 삼투, 여과의 방법이 있다. 두 번째 방법으로 능동적(생리적) 이동은 효소의 공급 아래 이루어지는 능동적 운반과 음세포 작용 등이 있다. 이러한 방법에 의해 물, 영양물질, 가스, 노폐물, 전해질 등이 운반된다.

② 세포막을 통한 물질 이동 방법

• 확산(Diffusion)

용액 또는 가스 상태의 분자들이 농도가 높은 곳에서 농도가 낮은 곳으로 이동하면서 농도가 같아지려고 하는 운동현상이다.

• 여과(Filtration)

막의 안, 밖의 압력과 중력의 차이에 의하여 막의 작은 구멍을 통해 용액이 이동하는 현상이다.

• 삼투(Osmosis)

세포막은 반투과성 막이어서 용액의 어떤 물질은 쉽게 통과시키지만 또 다른 물질은 이동을 제한하는 선택적 투과성을 가지고 있는데, 이러한 반투막을 경계로 상호 다른 용액이 같아지려고 하는 현상을 '삼투'라고 한다.

• 능동적 운반(Active Transport)

에너지나 효소를 이용하여 농도가 낮은 곳에서 높은 곳으로 농도 경사를 역행하여 이동되는 것을 말한다. 세포막에서 능동 수송을 하는 물질은 Na^+, K^+, Ca^{++}, H^+, Cl^-, 철이온, 요오드이온, 요산염, 당류 및 아미노산 등이다.

③ 세포막의 전기 현상

세포막은 신호를 전달하고 물질의 이동을 조절하며, 축전지 구실을 하는 전기적 활동을 한다. 세포막의 구성성분인 인지질 이중층은 이온을 투과시키지 않기 때문에 전하를 분리시킬 수 있어, 지질 이중층에 흩어져 있는 단백질들의 이온 채널은 무기 이온의 통로가 되므로 세포막은 전기 전도도를 나타낸다. 세포막은 이온의 종류에 따라 투과성이 다른데 전도도가 클수록 주어진 전압 아래에서 단위 시간 당 막을 투과하는 이온의 양이 많아진다. 전도도란 저항의 역수로 세포막의 전도도는 이온 투과성을 말해주는 척도이다.

막전위(Membrane Potential) **또는 안정전위**(Resting Potential)

세포막 안과 밖에는 현저한 농도차를 가지고 있는 여러 가지 이온이 분포하고 있어 세포막 안팎의 이온농도차이와 세포막의 투과성으로 막전위가 발생한다.

활동전위(Action Potential)

신경이나 근육과 같은 흥분성 조직이 자극을 받으면 세포막의 특성이 일시적으로 변화를 일으켜 활동전위가 발생되고, 이에 따라 신경신호, 신경전달물질의 분비, 근수축과 효과기 반응이 나타난다. 신경이나 근육에 짧은 기간 동안 전기 자극을 가하면 탈분극이 일어나 활동전위를 일으킨다. 활동전위는 신경 흥분의 첫 단계이다.

그림 1-1 세포구조

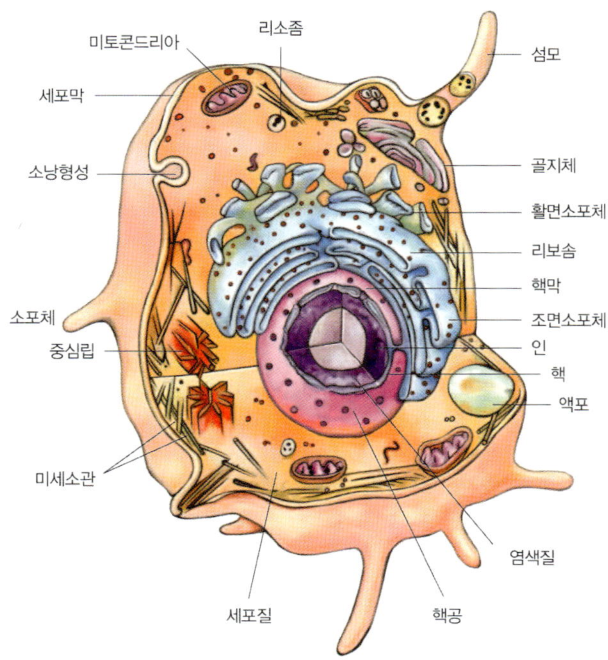

02 신경흥분의 전도

1) 신경의 구조와 기능

모든 신경 세포는 전기적인 흥분성을 띄고 있으며, 이온 통로, 이온 펌프 등을 이용하여 나트륨, 칼륨, 칼슘, 염소이온들을 세포막 안과 밖의 농도차를 만들어 막전위를 형성한다. 이 활동 전위를 이용하여 신호를 전달한다.

신경계를 구성하는 주요 조직으로 많은 신경세포와 이것으로부터 나온 축색돌기(軸索突起)·수상돌기(樹狀突起) 및 신경교(神經膠)로 이루어져, 자극에 감응하여 이를 다른 세포에 전달하는 작용을 한다. 이들 신경세포는 시냅스라 부르는 접합부를 통해서 다른 세포와 접촉하고 있으며, 손발에 뻗은 말초신경의 길다란 조직은 신경세포에서 나온 가느다란 축색이 몇 천, 몇 만이 모인 것이다. 대뇌와 소뇌에서는 많은 종류의 신경세포가 무수히 돌기를 내놓아 시냅스를 형성하고 있다.

신경섬유는 신경돌기의 수초 유무에 따라 유수신경섬유(myelinated nerve fiber)와 무수신경섬유(unmyelinited nerve fiber)가 있고, 대부분의 축색은 지질로 된 막으로 미엘린 껍질인 수초(myelin sheath)로 싸여 있고, 이 막의 바깥은 얇은 투명막인 신경초(schwann sheath)가 싸고 있다. 신경섬유는 신경계의 전깃줄에 해당되며, 메시지를 지닌 신경흥분이 신체의 한 곳에서 다른 먼 곳으로 전달된다. 또한 신경섬유는 전기적 도체로서가 아니라 그것이 갖추고 있는 증폭계와 릴레이계에 의하여 신경흥분을 효율성있게 전달한다.

2) 신경의 흥분

뉴런은 세포체와 수상돌기에서만 자극을 받아들이며, 신경섬유 중간에서 자극이 되는 경우는 없다. 신경섬유 한쪽 끝 세포체에서 흥분되어 여기서 충격파가 신경섬유의 다른 쪽 끝으로 전도되어 간다. 신경계는 중추신경계와 말초신경계로 나누는데 말초신경계는 축색돌기로 된 긴 연결 부분으로서 말초신경은 충격파를 신속히 전달하는 기능을 한다. 신경이 흥분하여 활동전위를 발생시키려면 신경에 자극이 있어야 하는데 신경에 전기적 쇼크를 가하거나 물리적으로 치거나 열을 가하던지 약물을 묻히는 것 등은 모두 자극이 된다. 신경을 흥분시킬 수 있는 가장 약한 강도를 역치(threshold)라고 한다.

3) 신경과 근육

골격근은 모두 운동신경과 이어져 있고 운동신경의 지배를 받는다. 전기적인 파동은 운동신경을 자극하여 근육의 수축을 유도하는데 사용되며, 정상적인 근육의 수축은 전기의 흐름이 뇌로부터 운동신경을 통하여 근육으로 전달됨으로써 발생한다. 기기에 의해서 생성된 전기 신호도 뇌로 전달되는 것과 같이 운동신경을 자극하여 근육의 수축을 유발 시킨다.

03 근육의 수축

근육은 신경자극에 의하여 수축과 이완을 할 수 있는 특수한 성질을 가진 구조물로써 우리 몸의 여러 곳에서 볼수 있으며, 모든 것이 움직이기 위해서 반드시 필요하다. 근육은 뼈에서 시작하여 피부에 이르며, 근육조직이 주된 구성 성분이다. 근육 조직의 뭉치의 끝과 뼈에 붙이고 있는 힘줄 등을 통틀어 근육(muscle)이라고 한다. 근육의 종류로는 내장을 이루고 있는 내장근과 심장을 이루고 있는 심장근, 몸의 자세를 유지하고 육체를 움직이고 개체의 조정을 맡고 있는 골격근으로 이루어져 있다.

1) 근수축 기전

근수축은 두 종류의 근세사인 미오신과 액틴의 상호작용에 의해 일어난다. 근육이 수축할 때에 두 필라멘트가 서로 미끄러져 들어가 겹치게 되며, 근육이 이완할 때 신경근 접합부에서 아세틸콜린이 방출되어 활동전위가 근세포막에 도달하여 근의 활성화가 시작된다. 근세포막에서는 탈분극을 일으키고 전기적 흥분은 가로소관의 막 위로 급속하게 전달되어 인접한 종말수조에서 반응을 일으켜 근형질세망으로 전달된다. 근수축시에는 반드시 Ca^{++}가 필요하며 근수축에 필요한 Ca^{++}은 근장그물 속에 저장하고, 근이 수축을 하고 난 뒤 이완할 때에도 Ca^{++}은 다시 근장그물 속으로 능동적으로 회수된다. 근 속에는 액틴과 미오신 이외에 트로포닌과 트로포미오신이라는 단백질이 액틴과 섞여 있어 액틴과 미오신이 서로 미끄러져 들어가는 것을 억제한다. 이러한 수축과 이완을 유발하는 것이 Ca^{++}이다. 활동전위가 근섬유와 근장그물을 스쳐지나면 Ca^{++}은 근장 속으로 뿌려지며 안정시 농도의 50배까지 높아지며, 이때 트로포닌과 트로포미오신의 억제를 풀어주고 근육을 강력히 수축하게 한다. 운동신경이 흥분하면 충격파는 운동섬유신경을 따라 내려와 신경-근 종판에 이르고 이 흥분은 신경-근 종판을 건너뛰어 근섬유를 흥분시킨다. 근섬유에서는 종판이 있는 중심부에서 섬유양 끝으로 활동전위가 빠른 속도로 스쳐간다. 이것을 신호로 하여 근의 흥분과 수축을 연결시키는 Ca^{++}은 근장그물 속으로 대량 방출된다. 수축의 생리를 보면 일단 신경자극이 전달되면 그 운동 단위에 있는 근섬유나 섬유들은 최대한의 능력으로 수축하거나 전혀 수축하지 않게하고 이러한 현상을 실무율이라고 한다.

2) 골격근의 작용(Function of skeletal muscle)

인체의 움직임은 다양한 근육의 작용으로 운동이 일어난다. 근은 수축함으로써 뼈와 뼈를 서로 접근시키는 능동적 운동기관이며, 굽힘(Flexion), 신전(Extension), 내전(Adduction), 외전(Abduction), 회전(Rotation)의 움직임으로 운동을 일으킨다.

제2장

전기미용관리를 위한 기본과학

Beauty Electrotherapy

01 물질과 원소

지구에는 수많은 종류의 물질이 존재하는데, 이들 물질은 한 종류 또는 두 종류 이상의 물질이 섞여 있는 상태로 존재한다. 이와같이 물질을 이루는 기본적인 성분을 원소(elemant)라고 하며, 물질에는 한 가지의 성분으로 이루어진 것도 있지만, 두 가지 이상의 원소로 이루어진 것도 있다. 원소에는 각각의 원소에 특유한 원자(atom)입자가 존재한다. 이들 원자가 여러 가지 방법으로 결합하여 분자를 만들고 이 분자가 모여 물질을 만든다. 원소를 나타낼 때에는 원소기호를 사용하여 나타낸다.

1) 순물질과 혼합물

(1) 순물질과 화합물

같은 종류의 입자들로 이루어진 것으로 녹는 점, 끓는 점, 밀도 등이 일정하고, 순물질에는 홑원소 물질(simple substance)과 화합물(compounds)이 있다. 홑원소 물질은 더 이상 분해 될 수 없는 물질로 1개의 원자나 2개 이상의 원자로 된 것도 있다. 예를들면 철(Fe), 산소(O_2), 질소(N), 물(H_2O), 소금(NaCl) 등이 이에 속한다. 화합물은 두가지 이상의 원소를 일정한 질량비로 결합한 순수한 물질을 화합물(compounds)이라고 한다. 화합물은 열, 빛, 전기에너지에 의하여 홑원소 물질로 분해될 수 있다. 물을 전기분해하면 홑원소 물질인 수소와 산소로 분해된다. 화합물에는 물(H_2O)이나 암모니아(NH_3) 등과 같이 분자로 된 것과 염화나트륨(NaCl)이나 염화칼륨(KCl) 등과 같이 이온으로 구성된 것이 있다. 화합물은 탄소와 수소를 반드시 포함하는 탄소화합물과 탄소가 포함되지 않는 모든 화합물로 나눌 수 있다.

(2) 혼합물(Mixture)

혼합물은 두 가지 이상의 순물질이 섞여있는 것을 말하며 각 성분 물질의 성질을 그대로 지니고 있다. 그리고 성분 물질의 섞인 비율에 따라 녹는점이나 끓는점, 밀도 등이 달라진다. 혼합물에는 공기, 설탕물, 염화나트륨 수용액 등의 균일 혼합물과 화강암, 우유, 흙탕물 등의 불균일 혼합물이 있다.

02 원자의 구조(Automic structure)

모든 물질을 구성하고 있는 원자는 작은 입자들로 구성되어 있고, 원자들 사이에는 여러 가지의 규칙성이 있으며, 이것은 바로 원자 구조에서 기인된다. 원자는 그 자체의 특징적인 성질을 가지고 화학반응을 하는 가장 작은 단위이며, 원자는 양자, 전자, 중성자라고 하는 더 작은 입자들로 구성되어 있다. 양자는 (+)전하, 전자는 (-)전하를 띄고 중성자는 전하가 없는 중성이다. 전자는 진공상태에 가까운 유리관 속에서 전기가 전도되는 실험을 통하여 음(-)전하를 가진 입자를 찾아냄으로써 전자를 발견하여 음(-)전하를 가진 입자를 모두 전자(electron)라고 한다.

1) 원자의 구조

원자는 원자핵과 전자로 되어 있으며, 원자핵은 다시 양(+)으로 하전 된 양성자와 전기적으로 중성인 중성자로 되어 있다. 전자는 음(-)으로 하전되어 있으며, 원자핵 주위의 넓은 공간을 매우 빠른 속도로 돌고 있다. 양성자의 수와 전자의 수가 같으므로 전자의 수가 원자번호이다.

그림 2-1 원자의 구조

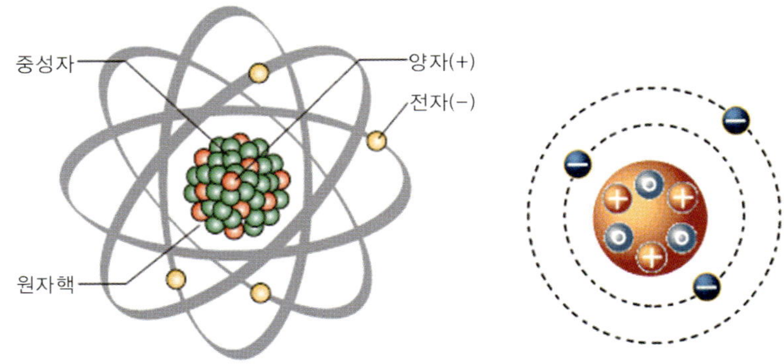

2) 전자의 배치

원자는 그 중심에 원자핵이 있고, 그 주위의 넓은 공간에는 양성자와 같은 수의 전자들이 끊임없이 운동하고 있다. 원자로 이루어진 물질들은 각기 다른 성질을 나타내는데, 이것은 각 원자에 따른 전자 배치가 서로 다르기 때문이다. 원자핵 주위에서 전자가 안정한 궤도를 회전하면 전자가 일정한 에너지 상태에 있어야 한다. 전자가 가질 수 있는 각각의 에너지 상태를 에너지 준위(energy level)라고 한다. 전자는 핵에 가까이 존재할수록 정전기적 인력으로 세게 끌려서 핵 주위에 안정하게 존재할 수 있고, 핵에서 멀리 떨어질수록 전자가 원자로부터 더 쉽게 떨어져 나가게 된다. 전자는 핵에 가까울수록 안정하고, 멀리 떨어져 있을수록 불안정하다.

그림 2-2 원자핵 주위를 돌고 있는 전자

	제 1 족	제 2 족	제 3 족	제 4 족	제 5 족	제 6 족	제 7 족	제 0 족
제 1 궤도	수소							헬륨
제 2 궤도	리튬	베릴륨	붕소	탄소	질소	산소	플루오르	네온
제 3 궤도	나트륨	마그네슘	알루미늄	규소	인	황	염소	아르곤

3) 이온결합

금속원소는 전자를 잃고 양이온으로, 비금속 원소는 전자를 얻어 음이온으로 되어 18족 원소와 같은 안정된 전자 배치를 이루려 한다. 양이온은 금속 원자가 전자를 잃고 비활성 기체와 같은 전자 배치를 이룰 때 생성되고 음이온은 비금속 원자가 전자를 얻어 비활성 기체와 같은 전자 배치를 이룰 때 생성된다. 이들 양이온과 음이온 사이에 정전기적 인력이 작용하여 형성되는 결합을 이온결합이라한다. 즉, 전자를 잃고 양이온이 되기 쉬운 원자와 전자를 얻어 음이온이 되기 쉬운 원자가 접근하면, 서로 전자를 주고 받아 화학적으로 안정된 전자 배치를 갖는 양이온과 음이온이 된다. 예를 들면 나트륨(Na)은 전자를 쉽게 잃어 버리는 성질이 있고 염소(Cl)는 전자를 쉽게 받아들이는 성질이 있어 이들이 가까이 있으면 염화나트륨(NaCl)이 만들어 진다. 이들 이온사이에 정전기적 인력이 작용하여 결합이 형성되는데 이러한 결합을 이온결합이라 하며, 이온결합으로 이루어진 화합물을 이온결합 화합물이라고 한다.

그림 2-3 이온결합

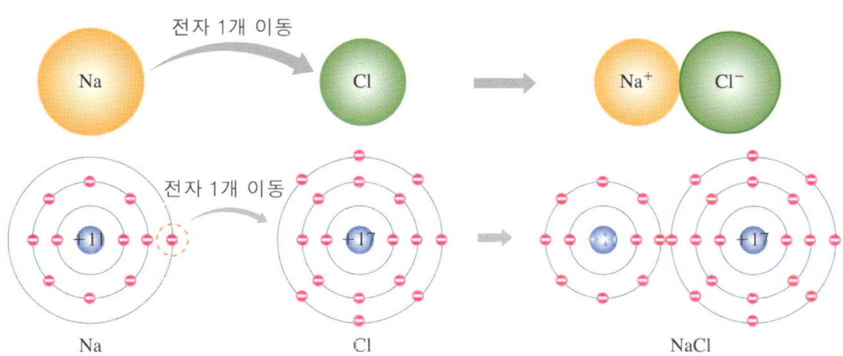

03 전기 미용관리를 위한 전기학

1) 전기의 측정

전기(electric)란 전자(electrons)가 원자에서 다른 원자로 이동하는 현상이다. 주위에서 볼수 있는 현상으로 호박(보석류)이나 유리를 비단이나 모피 등으로 문지르면 가벼운 종이를 끌어당기는 힘이 발생하는데 이러한 현상을 전기라고 한다.

① 전류

(-)전하를 지닌 전자의 흐름이라고 할 수 있다. 도선에 전류가 흐를 때 전자가 이동하면서 전자가 지닌(-) 전하도 함께 움직이며 이러한 전하의 흐름은 여러 가지 전기 현상을 일으킨다.

② 도체와 부도체(Conductor&Non-Conductor)

도체는 전자가 자유롭게 움직일 수 있는 물질을 뜻하며, 즉 전기가 통하는 물질로 대표적으로 고체금속이 있다. 부도체는 전자가 원자나 분자에 구속되어 전하가 흐르지 못하게 하거나 아주 적은 양의 전류를 흘려보내는 것이다.

③ 회로(circuit)

전기가 어떤 점을 떠나 도체(導體)를 돌아서 다시 그 점으로 돌아오기까지의 길, 즉 전류의 통로를 회로라고 한다. 회로를 구성하는 요소로는 저항, 코일, 콘덴서, 전자관, 트랜지스터, 전원(電源) 등이 있다. 전원의 종류에 따라서 직류 회로와 교류 회로로 나뉘며, 연결 방법에 따라 직렬 회로와 병렬 회로로 나뉜다.

2) 전기 용어 및 단위

① 암페어(Ampere)

전류의 국제 기준 단위를 나타내는 말이며, 1암페어는 1초 동안에 1쿨롱(C)의 전기량이 흐를 때의 전류의 세기이다. 프랑스의 물리학자 앙드레 마리 앙페르(Ampère, A.M.)의 이름에서 유래되었으며, 기호는 A이다.

② 볼트(Voltage)

전압의 단위를 나타내는 말이다. 1볼트는 저항이 1옴인 도체에 1암페어의 전류가 통하였을 때 그 도체의 양끝에 생기는 전위차이다. 기호는 V이다.

③ 와트(Watt)

일률이나 전력의 단위를 나타내는 말이며, 1와트란 1볼트의 전위차(電位差)를 가진 두 점 사이를 1암페어의 전류가 흐를 때 소비되는 양을 이른다. 영국의 기계 기술자 와트(Watt, J.)의 이름에서 유래하였다. 기호는 W이다.

④ **옴**(Ohm)

전기 저항의 실용 단위를 나타내는 말이다. 1옴이란 양끝에 1볼트의 전위차(電位差)가 있는 도선(導線)에서 1암페어의 전류가 흐를 때 나타내는 저항을 이른다. 독일의 물리학자 옴(Ohm, G. S.)의 이름에서 유래되었다. 기호는 'Ω'이다.

⑤ **변압기**(Transformer)

전자기 유도 작용을 이용하여 교류 전압이나 전류의 값을 높이거나 낮추는 장치이다.

⑥ **퓨즈**(Fuse)

납과 주석의 합금으로 만든 철사이다. 규정값 이상의 전류가 흐르면 자신이 발생한 열 때문에 녹아 끊어진다. 전선에 과전류가 계속 흐르는 것을 방지하기 위하여 사용한다.

⑦ **주파수**(Frequency)

같은 모양으로 퍼져 가는 진동이 일초 동안에 몇 번 되풀이되는가를 나타내는 수이다. 단위는 헤르츠(Hz)나 사이클퍼초(c/s)이다.

04 전류의 분류

1) 전류 흐름의 방향에 따른 분류

(1) 직류 전류(Direct Current, DC)

전류의 흐르는 방향이 시간의 흐름에 따라 변하지 않는 전류이며, 회로 속을 일정한 방향으로 흐르는 전류로 갈바닉(galvanic current) 전류라 한다. 직류에는 연속직류와 단속직류가 있다. 연속 직류는 시간의 흐름에도 불구하고 전류의 크기가 일정하게 유지되는 전류로 이온도입법에 주로 이용되며, 직류 전류는 순환을 촉진시켜 조직에 영양공급과 노폐물 배출을 도와 조직 세포의 화학적 균형도 유지에 주로 이용된다.

(2) 교류 전류(Alternating Current, AC)

전류의 방향과 크기가 시간의 흐름에 따라 주기적으로 변하는 전류를 말하며, 정현파 전류, 감응 전류, 격동 전류로 구분할 수 있다. 정현파 전류는 시간이 흐름에 따라 방향과 크기가 대칭으로 변하는 전류이고, 감응 전류는 시간의 흐름에 따라 방향과 크기가 비대칭적으로 변하는 전류이다. 격동 전류는 전류나 전압의 크기가 시간의 흐름에 따라 정현파 전류와는 달리 일정하게 대칭적으로 변하지 않고 전류의 세기가 강해졌다 약해지는 전류이다.

2) 주파수에 따른 분류

(1) 저주파 전류(low frequency current)

주파수가 1~1,000Hz까지의 전류이다. 화학적 영향 없이 기계적인 반응을 일으킬수 있는 교류(AC)전류이다. 저주파는 근육 수축을 일으키기 위해 사용되고, 근육의 긴장과 탄력을 주어 지방축적을 예방할 수 있다.

① 1Hz~10Hz - 지방분해 및 림프순환 촉진 효과가 있다.
② 10Hz~60Hz - 자세 및 체형관리에 적용한다.
③ 60Hz~90Hz - 큰 근육을 깊숙이 자극한다.
④ 120Hz - 근육 표면을 자극하여 순환을 촉진 시킨다.

(2) 중주파 전류(middle frequency current)

주파수가 1,000~10,000Hz까지의 전류이다. 중주파는 전류가 피부로 통과할 때 피부유해수용기를 거의 자극하지 않으므로 편안하게 느끼고 심부조직까지 전류를 투과시킬 수 있다. 주파수와 피부저항은 반비례하므로 중주파는 높은 주파수로 자극하여 피부저항이 낮아져 전류 통전 시 통증이나 불쾌감이 없어 고객 관리에 매우 적합한 주파수이다. 중주파를 이용하여 리프팅 관리할 경우 안면은 20~30분, 전신한부위당 약 30분 가량 소요된다.

(3) 고주파 전류(high frequency current)

주파수가 100,000Hz 이상의 전류이다. 인체에 고주파를 통전시키면 진동폭이 매우 짧아 이온 운동은 거의 일어나지 않으며, 전기 화학 반응이나 전기분해 현상도 없다. 그리고 빠른 진동 전류 에너지는 열에너지로 변환되어 열효과를 나타낸다. 이는 조직을 구성하는 이온분자, 분극분자, 비분극분자의 운동이 일어나기 때문이다. 이온들이 순간적으로 앞, 뒤로 이리저리 운동할 때 인접한 다른 분자들과 충돌하여 열이 발생되어지는데, 이를 마사지에 이용할 시 조직 온도의 상승으로 혈액순환을 증진시키는 효과가 있다.

3) 전압에 의한 분류

(1) 저전압 전류 (low tension current)
전압이 100V 이하인 경우를 말한다. 직류와 저주파 전류가 이에 속한다.

(2) 고전압 전류 (high tension current)
전압이 수백 볼트인 경우를 말한다. 고주파와 정전기가 이에 속한다.

4) 전류량에 의한 분류

(1) 저압 전류량 (low amperage)
1~300mA의 낮은 전압을 가진 전류를 말한다.

(2) 고압 전류량 (high amperage)
500~2,000mA와 그 이상의 높은 전압을 가진 전류를 말한다.

5) 생체전기(bio-current)

인체는 70~80%가 수분으로 구성되어 있으며 이 속에는 여러 종류의 광물질과 미량원소가 함유되어 있다.

이 성분들은 그들의 원자배열로 인하여 양전하 또는 음전하를 갖는다. 이러한 광물질과 미량원소들은 염분, 산, 염기 등의 형태로 함유되어 있으며 물질들이 분해와 결합을 반복하는 과정에서 생체에너지가 발생한다. 즉, 생체전기란 생물내에서 일어나는 미세한 전기 현상을 말한다.

생체 전기를 삼투작용의 원동력으로 영양물질을 흡수하고 노폐물을 배설하는 대사활동에 관여하며 세포와 조직을 활성화 한다. 또한 혈액과 림프액의 흐름을 촉진시키며, 자율신경계조절, 심장박동 및 근수축작용을 가능하게 해준다.

생체전기의 기능에 이상이 발생하면 주름살로 인한 노화현상, 각화과정의 불균형, 피부의 수분과 지방의 균형장애, 색소침착등의 피부에 여러 가지 문제가 발생하게 된다.

따라서 생체전류의 이상에서 오는 세포의 비정상적인 활동과 여기에서 오는 피부의 문제를 정상으로 회복시키기 위해서 과학자들은 계속해서 노력을 기울여 왔다.

그림 2-4 생체전기

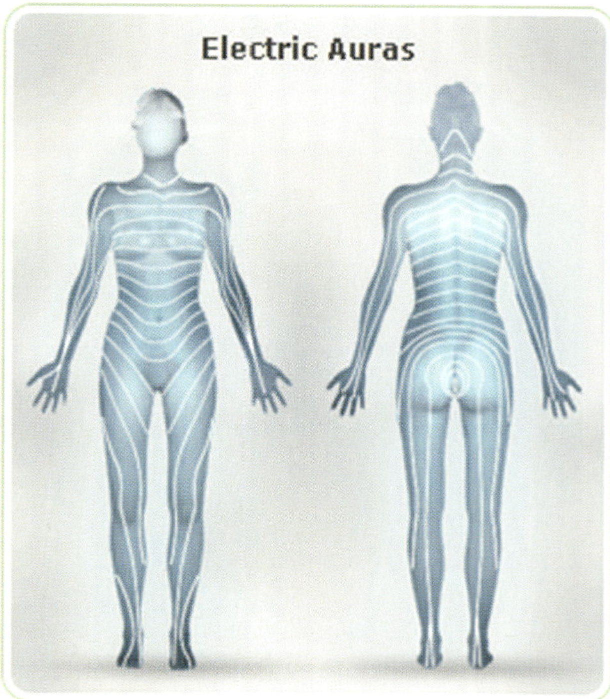

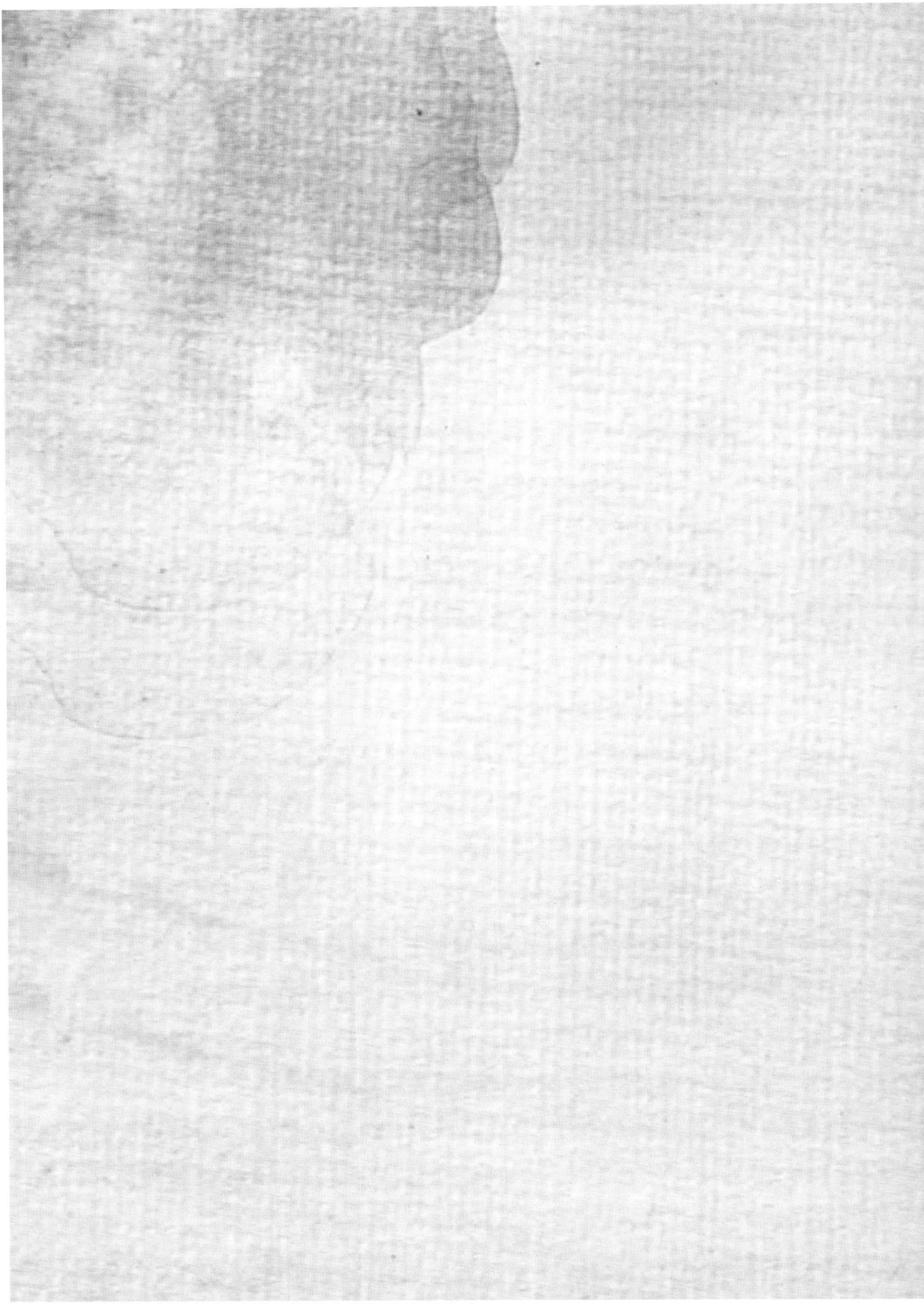

제3장

피부관리에 이용되는 전류

Beauty Electrotherapy

01
갈바닉 전류-이온도입법

갈바닉 전류(Galvanic current)란 흐르는 방향과 크기가 시간의 흐름에 따라 변하지 않는 전류를 말하며, 양극(+)과 음극(-)의 극성을 갖고 있으면서 매우 낮은 전압의 직류 전류를 이용한다. 양극은 양이온성 물질을 밀어내고, 음극은 음이온성 물질을 밀어내는 성질을 가지고 있고 이러한 원리를 이용하여 미용성분들을 바르게 피부 속으로 침투시키는 효과가 있다.

1) 원리

이온도입법(iontophoresis)이란 이온의 이동을 의미하며 직류전류를 피부미용 목적으로 사용하여 피부를 통하여 약물이나 화장품의 유효성분들을 피부점막을 통해 조직 안으로 침투시키는 것이다.

예를 들면 음이온을 음극 전극 밑에 넣을 경우, 직류 전류를 흐르게 하면 이온은 전기적으로 밀려나 모세혈관의 순환과 세포막 투과를 통해 흡수된다. 직류 전류의 이온영동을 통해 진피내 멜라닌 세포층에 이온가능한 (+)

극이나 (-)극으로 용매를 투입하여 피부의 산성효과인 수렴의 모공수축, 진정효과와 알칼리 효과인 피지제거와 각질탈락의 효과, 즉 클렌징 효과와 미백재생 효과를 얻을 수 있으며 피부에 효과적인 이온액을 침투시킴으로써 우리가 원하는 결과를 빠르게 얻을 수 있다. 이러한 원리를 이용하여 비타민 C가 피부에 미치는 긍정적인 효과를 기대하며 광노화, 색소침착, 피부의 재생에 활용되고 있다.

이온도입에 앞서 1808년경 전기영동법(electrophoresis)이 발견되었는데 이것은 전해질 용액 내부의 이온성 분자가 어느 한쪽의 전극을 통해서 이동하는 현상을 말한다. 현재 과학자들은 아미노산, DNA, RNA 등 단백질과 같은 이온을 띄는 물질들을 분리하고 분석하는데 바로 이런 원리를 이용하고 있다.

2) 효과

① 음극(-)에서는 피지분해와 피부연화효과가 있다.
② 양극(+)에서는 피부 수렴효과와 진정효과가 있다.
③ 화장품의 유효성분(Vit C)들을 이온도입을 통해 흡수를 촉진시킨다.
④ 림프순환을 증가시켜 노폐물을 신속히 제거한다.
⑤ 조직내 혈액순환 증가로 영양분과 산소공급을 증진시킨다.

3) 극성 실험

만일 음극과 양극의 구별이 어렵다면 간단한 테스트를 통해 쉽게 확인할 수 있다. 먼저 두 개의 전극을 분리하여 소금물에 담그고 전류를 보내면 물이 전기분해되어 음극에서는 보다 많은 양의 기체가 발생한다. 이는 수소기체를 의미하는데 수소의 분자량이 산소에 비해 적기 때문에 다량의 기체가 발생하는 것이다.

두 번째로 양극에서는 염산이 생성되므로 리트머스 종이를 붉게 변화시키고, 음극에서는 수산화나트륨이 생기므로 리트머스 종이를 푸른색으로 변화시키는 것을 알 수 있다.

4) 양극(+) 효과

양극에서 발생된 산성분이 단백질의 용해성의 감소로 각질층이 단단해져서 수렴 효과를 얻을 수 있고 조직을 탄력있게 한다. 또한 세포의 생명력을 증가시켜 주며 산소와 영양공급을 활발하게 한다. 또한 산의 생성으로 여드름과 염증 관리 후에 감염되는 것을 예방하며 살균효과를 준다.

5) 음극(−) 효과

음극에서 발생된 알칼리 성분이 피지를 분해시켜 주므로 지성피부에 효과적이다. 또한 단백질의 용해성을 증가시켜 주므로 각질 제거로 인한 피부의 연화 효과가 있다.

그러나 강알칼리인 수산화나트륨의 발생에 의한 발열반응으로 피부에 자극이나 화상을 일으킬 수 있으므로 주의하여야 하며 모세혈관이 확장된 부위에는 사용하지 않는다.

6) 전류강도 및 시간, 용액의 농도

전류의 강도는 이온도입의 양에 영향을 미치며 여러 실험결과에 의하면 높은 강도보다 낮은 강도로 이온도입하는 것이 더 효과적이다.

일반적으로 전류 강도는 5mA 이하의 강도를 사용하며 피부는 5분~20분 정도 사용한다. 또한 피부의 각질층, 모낭, 피지선 등은 전기적 임피던스(저항)가 높아서 전체적인 이온 이동이 원활하지 않지만, 대부분 pH 4 이상의 용액(세럼)을 이용하므로 피부가 음전하를 띄어 쉽게 이온의 이동이 일어난다.

02 저주파(low frequency current)

1) 주파수

1~1,000Hz 이하의 전류를 말한다.

2) 원리

전류가 관절염에서부터 마비까지 다양한 증상에 사용되어 왔고, 특히 신경 및 근육을 자극한다는 사실이 발견된 후로 치료 및 진단에 사용되어 왔다.

그러나 전기적 임피던스가 높아(100Hz인 경우 3,800Ω) 전류 강도가 높을 경우 지나친 근수축으로 오히려 통증이 유발될 수 있다.

신체를 통해 전류가 통과할 때 세포막에서 이온의 농도변화가 발생하며 이것이 신경막에서 발생하면 근육의 수축이 일어난다. 강도가 탈분극과 자극을 일으키는 역치(treshold)에 도달할 만큼의 강한 강도일 경우에만 근육자극 효과가 있다.

3) 종류

신경치료 및 근육자극, 통증치료 및 진단적 목적에 따라서 펄스파, 감응전류, 정현파, 고압평류전류, TENS 등을 다양하게 사용하고 있다.

4) 효과

① 신경 및 근육의 전기적 자극으로 통증을 완화시킨다.

② 세포의 작용을 활발하게 하고 노폐물 제거를 촉진시킨다.

③ 근육이 유연해지고 신진대사를 활발하게 한다.

④ 근육에 긴장과 탄력을 준다.

⑤ 신경조직을 촉진시킴으로써 지방대사를 높여준다.

03 중주파(middle frequency current)

1) 주파수

1,000~10,000Hz 사이의 전류를 말한다.

2) 원리

두 개의 서로 다른 정현파 전류가 겹쳐졌을 때 전류값이 가중과 상쇄로 진폭이 변조된 맥놀이 주파수를 나타낸다. 즉, 서로 다른 주중파 4,000Hz와 4,100Hz의 교류전류를 인체 조직에 교차 통전 시켰을 때 발생하는 간섭현상으로 새로운 저주파(1~250Hz) 형태의 전류가 만들어지는데 이를 간섭전류 또는 진폭 변조 전류(amplitude modulation current)라 한다.

간섭 전류는 기존의 저주파에서 나타나는 통증, 불쾌감을 줄여주며, 보다 심부조직을 효과적으로 자극할 수 있다. 또한 피부의 전기저항 수치가 낮아(4,000Hz일 때 80Ω) 주중파가 이미 피부에 침투한 상태에서 작용하므로 파장이 깊고 부드러우므로 불쾌감이 없다.

3) 종류

변조주중파(AMP), 간섭파

4) 효과

① 간섭 전류가 말초신경보다 근섬유를 직접 자극함으로써 근력강화에 효과적이다.

② 자율신경계를 자극하여 교감신경의 활성이 억제되며 국소 부위의 혈관이 확장되고 혈류량이 증가하여 신진대사를 촉진시킨다.

③ 특정한 부위, 깊고 넓은 부위를 효과적으로 관리가능하다.

④ 운동신경 및 근육을 직접 자극하여 근수축과 이완작용을 하며 근수축으로 인한 펌프작용이 증진됨에 따라 혈류 및 림프순환이 증진되어 부종과 염증을 완화한다.

04
고주파(high frequency current)

1) 주파수

100,000Hz 이상의 높은 진폭에 의해 분류되는 교류이다.

2) 종류

① 직접 전류 방식

전극봉 유리관 내의 공기와 가스가 이온화되어 전류가 유리관을 통해 피부로 전달된다. 이 전극봉에는 공기가 들어있으면 자색, 네온이 들어있으면 오렌지색, 수은이 들어있으면 푸른 자색의 자외선을 발생한다. 직접방식은 고주파 열의 방전을 통해 살균 및 진정 효과, 제품침투 효과가 있다.

② 간접 전류 방식

전류의 간접 방식은 전기적 느낌이 적고 피부를 부드럽게 하는 효과가 있으며, 안면관리와 전신관리에 폭넓게 이용되고 있다.

3) 원리

인체조직에 고주파를 통전하면 진동 폭이 매우 짧아 화학적 반응, 즉 이온운동없이 진동 전류 에너지가 열에너지로 빨리 전환되는 특징이 있다. 정상근을 자극시키는 맥동기간이 아주 짧아서 감각신경이나 운동신경을 자극하지 않고 특정부위만 가열할 수 있는 심부열의 효과를 나타낸다. 주로 이온운동, 쌍극자 회전, 전자구름운동으로 인해 열이 발생된다.

4) 특징

① 정상근육을 자극시킬 수 있는 맥동기간은 1ms 정도이나 고주파 전류의 맥동기간이 0.001ms에 지나지 않아 감각신경 및 운동신경을 자극하지 않기 때문에 불편감이나 근수축을 일으키지 않으면서 신체조직 내의 특정부위를 가열할 수 있다.

② 전극밑의 피부 및 피하지방에서는 상대적으로 저항이 높아 열이 발생되며, 혈액 및 근육 등 수분함량이 높은 조직에서는 저항이 낮고 전도도가 매우 높아 상대적으로 전류량이 많아진다. 조직 내의 전류전도는 조직의 수분함량과 관계가 있어 건조한 피부는 직류 전류를 통전시키면 전기저항이 1,000,000Ω이 되어 저항이 높아지며 열을 가해 땀이 나면 저항이 200,000Ω 정도로 낮아진다.

③ 심부투열기인 경우 파장이 3cm에서 300cm의 긴 파장을 의미하므로 피부와 피하조직에만 영향을 미치는 것이 아니라 근육과 연결된 결합조직에도 영향을 미친다.

5) 효과

① 조직 온도상승으로 모세혈관의 혈류량이 증가되어 신진대사를 촉진시키며 세포의 대사율증진으로 피부 조직의 재생능력을 증가시킨다.

② 세균 및 독소의 살균작용을 한다.

③ 피부 결합조직의 점성, 탄력성과 같은 물리적 성질을 변화시켜 섬유조직의 신장력이 증가된다.

④ 통증 부위에 열을 가하거나 말초신경에 열을 가하면 통증완화와 근육이완의 효과가 있다.

그림 3-1 저주파와 고주파 신호

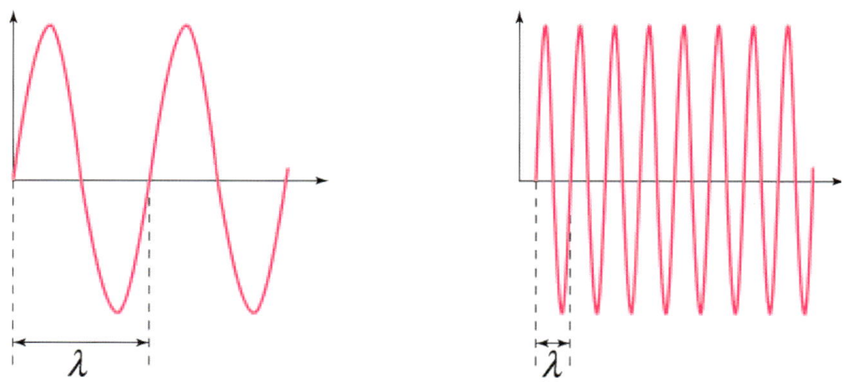

저주파 신호
(파장이 길다)

고주파 신호
(파장이 짧다)

05
초음파

초음파(ultrasound)는 진동주파수가 20,000Hz 이상으로 매우 높아서 인간이 귀로 들을 수 없는 불가청 진동음파(acoustic vibration)이다. 소리란 어떤 물체가 앞뒤로 아주 빠르게 움직일 때 생기며, 그 진동이 공기분자 사이로 물결처럼 퍼져나가 우리 귀에 도달하게 되어 소리를 느낄 수 있게 되는 것이다.

따라서, 소리는 호수에 돌을 던졌을 때 돌이 떨어진 지점을 중심으로 물결이 사방으로 퍼지는 파동과 같은 것이고, 이것을 '음파'라고 한다.

초음파에서 일반적으로 사용되는 주파수는 0.8~1MHz이며, 1MHz와 같이 낮은 주파수를 가진 초음파는 심부조직 관리에 가장 효과적이며, 3MHz와 같이 높은 주파수를 지닌 초음파는 표층조직 관리에 효과적이다. 초음파는 교류 전류를 발생시키는 심부열치료 기기로 극초단파와 함께 고주파 심부투열의 중요한 영역으로 자리 잡게 되었다.

특히 전류의 형태가 아닌 음파를 이용하므로 화상 등의 위험없이 비교적 안심하고 사용할 수 있으며, 최근에 초음파 영동법을 이용하여 화장품, 약물 등을 피부 조직 안으로 흡수시키는 방법이 많이 사용되고 있다.

1) 원리

Pierre와 Jacques Curie 형제는 석영결정체가 압력을 받았을 때 그 면을 가로 질러 전위차가 발생한다는 것을 발견했으며 이를 '압전효과'라 명명하였다.

석영과 같은 결정체에 압전과 역압전을 연속적으로 전류의 방향을 변화시키면 그 결정체는 진동을 일으키고 그 진동은 음파를 발생시킨다.

결정체의 진동주파수가 교류의 주파수와 일치하면 발생하는 파동은 공진에 의해 증폭된다. 그리고 진동은 변환기의 헤드(head)로 전도되고 거기서 그 음파를 신체의 조직으로 보낸다.

2) 초음파의 물리적 특성

(1) 음파의 특징

초음파는 빛과 X선과 같은 전자장파와는 달리 진공속을 통과할 수 없으며 이온화의 방출(nonionizing radiation)이라는 점이다. 따라서 초음파의 사용으로 염색체의 붕괴나 암세포의 생성 등과 같은 이온화방출로 생길 수 있는 위험이 없다.

(2) 음파의 속도

매질을 통해서 진동적인 움직임이 전파되는 속력을 말하며, 매질이 단단하거나 온도나 밀도가 높을수록 전파속도가 빨라진다.

(3) 주파수

초음파의 주파수는 조직에 의해 흡수된 에너지의 양에 영향을 미치게 되며 1MHz보다 3MHz가 표면적인 효과가 더 크다.

(4) 음파의 전파

초음파가 기체, 액체, 고체 등의 매질속을 진행할 때 분자의 진동을 발생시켜 종파로 전파하며, 고체 매질에서는 상하 진동하는 횡파를 발생하는데 주로 골막-뼈의 경계면 부위에서 발생한다.

(5) 음파의 음장

초음파는 균일하지 않은 빔(beam)으로써 단일방향으로 전파되는데 변환기의 가장 가까운 빔의 영역을 근위장이라 한다. 대부분 근위장의 변환기에서 발생하는 간섭장(interference field) 때문에 강도가 불규칙하게 생긴다. 근위장의 간섭현상으로 초음파 강도가 5~10배 이상으로 증가하여 열점(hot spot), 조직손상이 생길 위험이 있어 변환기의 BNR(빔비균질비)은 초음파의 안전에 매우 중요하며 대개 5~6이다. BNR비율이 낮을수록 변환기에서의 에너지 분배가 잘 되므로 조직손상의 위험을 최소화할 수 있다.

(6) 초음파의 강도

강도는 조직의 반응을 결정하는데 있어 중요한 요인이며 도자에 의해 방출되는 전체적인 힘은 watts로 측정되며, 단위는 W/㎠ 로 표시된다. 반적인 강도의 범위는 0.25~3.0W/㎠이다.

(7) 초음파의 흡수

조직에 초음파를 적용하면 조직의 분자에서 초음파 에너지를 흡수하여 열에너지로 전환시킨다. 초음파의 흡수는 구조단백의 함량이 많을수록 높아 근육이 지방보다 2~3배 높고, 뼈는 연부조직보다 10배 이상 높다.

(8) 반사와 굴절

인체 조직에서 초음파는 조직-뼈의 접촉면에서 입사에너지의 일부는 다시 반사되며, 금속-공기의 공간에서 반사율은 99%를 차지한다. 이것은 금속의 헤드에서 공기까지의 전송된 양이 아주 적다는 것을 의미하며 이러한 이유들로 공기층의 반사를 최소화하기 위해 초음파의 전달물질을 사용해야 한다. 굴절은 경계면의 매개물질의 음향 임피던스 차이에 비례하며 음파의 입사각에 비례하므로 조직과 공기의 경계면에서 전파되는 음파는 90°로 방향을 변화시키므로 변환기의 헤드를 수직으로 유지시키는 것이 중요하다.

(9) 음파의 감쇠

초음파의 에너지가 조직을 통해 전달될 때 강도와 진폭이 점점 감소되는 것을 말한다. 초음파의 흡수에 의해 생기는 감쇠는 주파수가 증가함에 따라 증가하며 조직을 통과할 때 생기는 내부 마찰로 인해 발생한다. 일반적으로 1MHz의 주파수를 가장 많이 사용하며, 특히 표면 조직의 감쇠가 적으며 심부조직에서 흡수율이 높아 주로 보디관리에 사용한다. 3MHz는 감쇠가 빠르며 1~2cm 깊이에서 에너지 흡수가 높아 주로 안면관리에 사용한다.

3) 초음파의 생물학적 효과

(1) 온열효과

① 혈액순환 증가 및 림프순환 증가
② 교원조직의 탄력성의 변화 및 조직의 이완
③ 신진대사 활발

(2) 화학적 효과

① 섬유아세포의 활성화, 콜라겐과 엘라스틴의 합성 촉진
② 세포의 DNA 합성촉진 및 피부재생 효과증진
③ ATP 활동 증가

(3) 물리적 효과

① 연결조직의 유연성과 세정작용 효과가 있다.
② 펄스작용으로 피부조직을 마사지하여 탄력성 증가
③ 뭉쳐진 근육을 풀어주고 통증완화 효과가 있다.

4) 초음파의 전파 매개물질

전자파와는 달리 초음파 에너지가 조직에 전달되기 위해서는 초음파 기기표면과 피부 사이의 공기층을 없애 반사를 최소화하고 전도력을 높이기 위해 초음파 전달 매개물질인 겔(gel)을 사용한다.

제4장

안면관리를 위한 기기

Beauty
Electrotherapy

01 기본관리 기기

1) 전동브러시

피부관리 과정에서 가장 효과적인 관리를 위해서는 세안과정이 매우 중요하다. 따라서 청결한 세안과정을 위하여 브러시(brush, 솔)가 부착된 전동 브러시를 사용하면 물티적 세척효과를 증진시키게 된다. 안면 피부에 자극이 적은 부드러운 천연모를 재료로 전동기의 회전원리를 이용하여 모공의 피지와 불필요한 각질 제거를 위한 세안전용 기기로서 주로 딥클렌징(deep cleansing)의 효과를 나타내는 편리한 기본관리 기기이다.

(1) 원리와 효과

기기의 형태는 단독이거나 또는 종합미용기기의 일부에 부착된 형태로 구성되어 있다. 여러 가지 모양과 재질로 만들어진 브러시는 주로 둥근 모양과 롤러 모양으로 큰 것과 작은 브러시, 재질이 털과 석고(스톤), 또는 스펀지(부드러운 것, 딱딱한 것) 등으로 만들어져 용도에 맞게 선택하여 사용한다.

기기는 베이식 본체와 브러시들로 구성되어 본체와 연결된 핸드피스(손잡이)에 용도에 맞는 브러시를 선택하여 끼워서 사용한다. 둥근솔은 안면용, 롤러솔은 전신용, 노화된 각질 제거에 스펀지는 안면용, 석고(스톤)재질은 발 관리용으로 사용된다.

효과는 피부표면의 털구멍과 땀구멍 등과 같은 굴곡 부위까지 섬세한 세안효과와 노화된 불필요한 각질 제거가 깨끗한 피부로 가꾸어 준다. 또한 전기의 힘을 빌어서 자동으로 브러시가 회전하는 원리이므로 적절한 회전 속도를 조절하면 힘들이지 않고 편리하게 세안할 수 있다. 나아가 필링의 효과도 가져올 수 있으며 마사지의 효과도 나타낼 수 있다.

(2) 적용

전동 브러시의 사용 목적은 묵은각질 제거 목적으로 피부 표면의 더러움을 제거해야 하므로 사용전 클렌저를 이용한 클렌징이 이루어져야 한다. 더 쉬운 각질 제거를 위하여 스티머나 스팀타월을 이용하기도 하는데 민감성·건조·노화 피부는 주의해야 한다.

부위별 사용순서는 일반적으로 목에서부터 시작하여 턱, 뺨, 입술주위, 코, 이마 순으로 실시한다. 주로 여드름과 민감성 피부, 모세혈관 확장된 피부를 제외하고는 모든 피부에 적용할 수 있다.

적용방법

① 베이식 본체와 연결된 핸드피스(손잡이)에 용도에 맞는 브러시를 "딱" 소리가 날 때가지 맞추어 끼운다.

② 피부 표면에 클렌저나 딥클렌저를 약간 도포한다.

③ 스위치를 켜고 피부 상태에 따른 회전 속도를 조절한다.

(1분 동안의 브러시 회전 속도는 rpm으로 표시, 속도를 ±버튼이나 다이얼로 조절한다.
정상 : 300~400, 민감성 건성 : 200~250, 지성 두꺼움 : 400~500)

④ 브러시 끝을 미지근한 물에 약간 적신 후 피부 표면에 수직으로 세워 접촉

시킨 후 가볍게 누르듯 원을 그리며 위치를 이동한다. 이때 손목의 힘으로 돌리지 않도록 한다.

⑤ 5~10분 정도 부위별로 브러시를 큰 것과 작은 것을 교환하며 사용할 때 건조한 느낌일 때 수시로 약간의 물을 묻혀서 사용한다.

⑥ 사용이 끝난 브러시는 손잡이에서 분리하여 즉시 중성세제로 깨끗이 세척하여 빗으로 털을 잘 세우고 건조시킨 뒤 살균 소독기에 소독 후 보관한다.

(3) 주의사항

사용중 브러시를 너무 눌러 털이 휘지 않도록 하여야 하며, 브러시 교체 시에는 꼭 스위치를 끈 상태에서 교체하도록 한다. 회전이 진행될 때 머리카락이 끼어들지 않도록 주의하며 목부위의 피부가 겹치지 않은 상태에서 이루어져야 한다.

핸드피스(손잡이)는 바닥에 떨어뜨리지 않도록 주의한다. 고장의 원인이 되기 때문이다. 비적용증은 모세혈관 확장피부, 염증성 여드름 피부, 알레르기성 민감성 피부, 일광이나 화상으로 자극된 피부, 담마진 같은 피부질환 등은 사용을 금지해야 한다.

그림 4-1 전동브러시

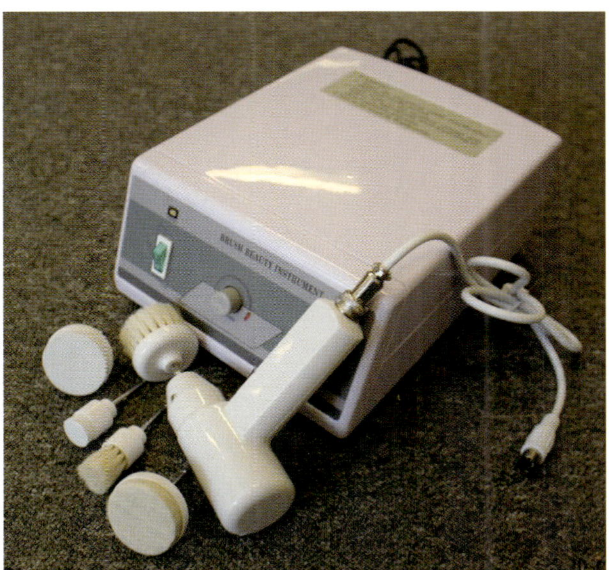

2) 스티머(증기 분무기)

안면 피부관리 현장에서 가장 많이 사용되는 기기 중의 하나로 가열 센서가 내장된 물통(주전자)이 부착되어 있다. 물통의 물이 센서에 의해 가열되어 증기만을 혹은 아로마와 함께 증기를 안면에 발생시킴으로써 각화된 각질세포를 연화시켜 노화 각질제거에 도움을 주고 피부이완, 물질침투 효과를 증진시켜 주는 안면 전용 기본관리 기기이다.

(1) 원리와 효과

센서기가 내장된 물통의 물이 가열되어 열의 대류현상에 의하여 고온부에서 저온부로 증기열이 튜브를 통해 이동시켜 안면에 전달되도록 설계된 기기이다. 증기만을 공급하는 형과(베이포라이저) 오존을 함께 공급하는 형(베이포라이존) 두 가지가 있다. 또한 약초나 아로마를 함께 사용하는 허브 스티머도 있다. 스티머에서 발생하는 오존은 소독 및 살균효과가 있으나 때로는 호흡기 손상` 우려가 있을 수 있으므로 주의해서 사용해야 한다.

스티머 사용의 효과는 안면 부위의 온도를 상승시켜 따뜻한 느낌을 받게 하고 각질연화와 혈관을 확장시켜 순환을 증진시키며, 근육이완을 유도하고 신경이완과 모공확장으로 세정작용을 도와 물질 흡수의 효과를 높여 준다. 또한 신진대사율을 증가시키고 땀샘을 자극하여 발한유도와 피지선 자극으로 노폐물 배출과 여드름 압출에 도움을 준다. 오존에 의해 박테리아 제거효과도 있고, 때로는 목감기 증세 완화 효과도 있다. 그러나 아주 민감하거나 붉은 피부, 매우 건조하거나 상처난 피부는 사용을 금지해야 한다.

(2) 적용

스티머는 클렌징 후 딥클렌징 과정이나 마사지 과정, 팩 과정에 사용되는데, 특히 각질이나 피지분해 효과가 있는 효소 필링시에 꼭 필요한 기본관리 기기이다. 물의 사용은 깨끗이 정제된 물이나 혹은 이온 전도를 위하여 꼭 수돗물만을 사용하는 종류도 있다. 물통(주전자)의 물이 적당량(2/3 정도) 채

워져야 작동된다. 가득 채우는 것은 금지한다. 물통의 재질은 유리나 금속으로 되어 있으므로 사용이 끝난 후 잘 세척한 후 물통의 물기가 없도록 한다. 물기가 있으면 열이 들어오는 센서가 부식될 우려가 있기 때문이다. 반드시 제조업체의 사용 설명서를 확인하고 사용해야 한다.

적용방법

① 사용하기 10분 전에 물통을 분리하여 물을 담은 후 미리 스위치를 켜둔다.(3개의 초록램프 점등, 상태 불량시 붉은 램프 점등) 물이 데워지는 시간이 필요하므로 사전 준비가 꼭 필요하다. 자동 타이머가 부착되어 있는 것도 있으므로 시간조절 기능을 활용하도록 한다.

② 스팀의 분무는 눈을 감게 하고 안면에 서서히 골고루 분무되도록 수시로 방향 전환을 해준다.(분무 초기에는 방향을 다른 쪽을 향한 다음 서서히 안면쪽으로 손잡이를 돌린다.)

③ 안면과 스티머와의 거리는 약 30~50cm 정도 유지하고 피부 유형에 따라 시간을 적절하게 활용하도록 한다.

(민감성 피부: 5분, 정상 피부: 6~10분, 건조·노화피부: 10분, 여드름 지성 피부: 10~15분 단, 여드름 피부는 여드름 중증도 파악 후 사용 여부 판단)

④ 약초나 아로마 사용 가능 스티머일 경우에는 뚜껑의 허브 컨테이너를 열고 솜이나 린넨천조각에 아로마를 묻혀서 부착하거나 약초백을 넣고 허브 컨테이너를 닫고 사용하면 된다.

⑤ 일정 시간 사용이 끝나면 스위치를 끄고 안전한 곳으로 이동시킨 후 물통을 잘 세척하여 내부를 비운 채 보관한다.

(3) 주의사항

스티머가 고객의 안면으로 쓰러지지 않도록 설치가 안전해야 하며, 특히 화상을 입지 않도록 주의해야 한다. 에어컨이나 선풍기 혹은 환기장치로 인해 증기의 방향에 방해를 받지 않아야 한다. 눈주위는 자연스럽게 스팀을 받도록 하나 모세혈관이 확장되거나 파열된 부위는 미용솜으로 덮어서 보호한다.

물통(주전자)의 세척은 가벼운 수세미를 사용하고, 석회질이 쌓였을 경우에는 전원이 차단된 상태에서 식초와 물의 비율을 1:8~1:12로 희석하여 담근 후 제거되면 잘 세척하여 보관한다. 주 1회 정도 세척한다. 세제 사용은 고장의 원인이 되므로 절대 금지한다.

그림 4-2 스티머

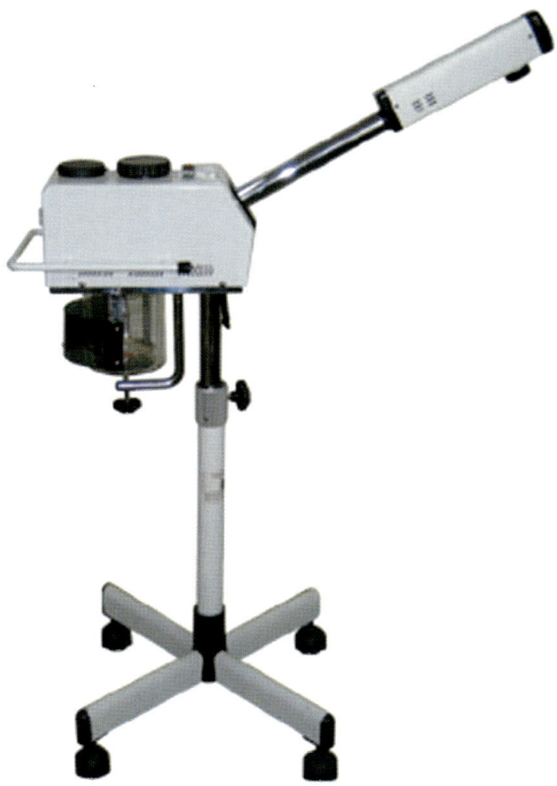

3) 분무기

냉·온 증류수, 미네랄 워터, 스킨로션, 아스트린젠트, 식물 추출물, 허브티 등을 용기에 담아 안면을 향해 안개와 같은 작은 물방울이 자극 없이 분무되는 기기이다. 주로 진공흡입기기(버큠석션기)나 종합미용기에 부착되어 있거나 단독으로 제작된 것도 있다.

(1) 원리와 효과

전동 펌프의 원리를 이용하여 제작된 기기로서 미세한 액체 입자가 부드럽게 분문되어 안면의 자극을 감소시키며 산뜻한 청량감을 공급해 준다.

피부 표면을 청결히 세척하여 주고, 피부 산성막 재생에 시간을 단축시켜주며, 특히 탈수나 건조 방지 효과와 여드름 압출 후 모공세척 효과, 모세혈관 확장과 민감성 피부 관리에 사용됨으로써 피부 표면을 촉촉이 적셔주며, 미세한 모공속의 보이지 않는 찌꺼기 제거에 도움을 주며, 화장솜에 의한 자극을 덜어주게 된다. 또한 분무시 신경점들을 자극하여 세포의 신진대사를 활성화시키고 모세혈관의 강화 효과가 있으므로 가벼운 마사지 효과도 나타내어 준다. 일반적으로 클렌징 후나 여드름 압출 후, 진공 흡입 관리 후, 팩이나 마스크 제거 후에 사용한다.

탄산가스 압축 스프레이는 CO_2 가스를 이용하여 압축시킨 용기 내에 희석한 아스트린젠트를 분무시켜 여드름 지성 피부의 모공 세척과 잔여물 제거에 이용되는데 주로 진공흡입 기기 사용 후에 이용한다.

(2) 적용

① 스프레이 용기에 피부상태에 적합한 내용물을 담고, 튜브를 끼운다. 보통 일반제품 사용 시 증류수와 제품의 비율을 2:1 정도로 희석하여 사용하기도 한다.

(지성·여드름 피부-아스트린젠트, 정상 피부-스킨로션, 건성·노화·민감성 피부-아로마 스킨로션)

② 고객이 눈을 감거나 아이패드를 해준 뒤에 직각으로 용기를 세워 잡고 용기의 핀볼을 살며시 누른다. 이때 분무량은 노즐의 끝부분으로 조절한다.
③ 분무 후 표면을 가볍게 두드려 잘 흡수시킨다.
④ 관리가 끝나면 공기 방울 발생 방지를 위하여 용기에서 튜브를 빼낸다.
⑤ 튜브는 항상 깨끗해야 분무가 잘 되므로 구멍이 막히지 않도록 잘 세척하여 물기 없이 건조시켜 보관한다.

(3) 주의사항

분무시 내용물이 직접 코, 입, 눈에 들어가지 않도록 하며, 어깨나 귀, 머리, 가슴 부위에는 티슈나 타월로 덮어 준다. 희석할 내용물에 입자가 섞이지 않도록 주의해야 하므로 수돗물 사용은 금지한다. 차가운 채로 사용하게 되므로 겨울철 사용은 주의해야 한다.

02
안면관리 기기

1) 갈바닉 기기(이온도입기, 이온영동기, 아이오노스, 이온토롤러)

화학적 효과를 나타내는 직류전류를 이용하여 침투가 잘 안되는 이온물질을 피부 안으로 침투시키는 기기이다. 이탈리아 볼로냐 대학의 해부학 교수인 Galvani에 의해 낮은 전압의 직류가 발명되어서 갈바닉 전류(Galvanic current)라 하며 이 전류를 이용한 미용기기를 갈바닉 기기라고 한다.

(1) 갈바닉 전류와 이온도입의 원리

직류 전류(Direct Current; DC)는 전자의 흐름이 변하지 않고 계속 한 방향으로 흐르며 전류의 크기도 항상 일정한 전류 형태이다. 물질이 전류에 의해 피부속으로 침투되기 위해서는 이온화(ionization)되어 있는 물질을 이용해야 한다. 이 물질이 전류의 극성에 따라 이동하는 전기영동(electrophoresis) 또는 이온이동(ion transfer)의 원리에 의해 물질의 이온이 피부속으로 침투시키는 것을 이온도입(iontophoresis)이라고 한다. 이때 사용되는 물질은 이온화된 물질로서 전해질(electrolyte)의 성질을 지니고 있다. 전해질이란 물질이 물에 녹아 해리(dissociation)되어 물질분자들이 전하를 띠게 되어 양전하를 띠는 입자 양이온(cation)과 음전하를 띠는 입자 음이온(anion)으로 나뉘어지는 현상, 즉 이온화가 일어나는 물질을 전해질이라고 한다.

전기는 같은 극끼리는 반발하고 다른 극끼리는 끌어당기는 성질이 있어 같은 극끼리 밀어내는 전기적 성질을 이용하여 이온화된 물질을 피부속으로 이동시킨다. 따라서 양이온은 양극을, 음이온은 음극을 이용하여 물질의 이온과 같은 극을 활성화시켜 피부속으로 이동시키는 것이 이온도입의 중요한 핵심 원리이다.

이온도입은 물질용액의 농도와 전류강도의 크기에 따라 침투에 중요한 영향을 미친다.

용액의 농도가 높으면 침투율이 감소되므로 일반적으로 1~5% 정도의 낮은 농도를 사용하며, 전류의 강도가 높으면 이온상호현상(interionic phenomenon) 및 역침투 효과가 나타나므로 피부에 적절한 전류의 강도는 활성전극의 표면적 1㎠당 0.1~2mA 이하로 5~10분 정도에서 사용한다.

이러한 이온도입의 원리는 피부 흡수가 어려운 수용성 물질의 유효성분을 침투시키는 이온영동(iontophoresis)관리와 반대로 피부속의 노폐물을 밖으로 배출시켜 제거하는 딥클렌징의 디스인크러스테이션(disincrustation)관리, 용액의 전도성과 이온도입의 원리를 이용하여 근육 운동신경 자극으로 탄력상승의 효과를 나타내는 리프팅 관리(리프팅 기기 참조)에도 이용된다. 또한 안면관리 외에 전신관리와 발 입욕관리 및 전극장갑에 의한 마사지 관리에도 이용되고 있다.

갈바닉 기기의 전극봉의 종류로는 핀셋형과 롤러형 그리고 마스크 형태가 있으며 산성화상 방지를 위하여 팔뚝이나 등, 혹은 손에 쥐는 접지 역할을 하는 전극판(물적신 스펀지나 부직포 혹은 섬유류)과 함께 구성되어 있어 적절히 선택하여 사용한다.

(2) 극의 효과(polar effect)

피부에 있는 염화나트륨(NaCl)이 물에 녹으면 Na^+과 $C1^-$으로 해리되어 존재될 때 전류를 흐르게 하면 1차 화학반응으로 H_2O는 H^+와 OH^-으로 전리된다. 이온화된 Na^+은 음극으로(cataphoresis), $C1^-$은 양극으로(anaphoresis) 끌리게 된다. 이와 같이 음·양 이온이 각각 음·양극에 도달하면 2차 화학반응이 일어나 새로운 화합물이 형성되는데 음극에서는 NaOH(수산화나트륨)과 H_2(수소)가, 양극에서는 HCI(염산)과 O_2 (산소)가 발생한다.

- 1차 반응 : $NaCl \rightarrow Na^+ + Cl^-$
  $H_2O \rightarrow H^+ + OH^-$
- 2차 반응 : (-)음극 : $4Na + 4H_2O \rightarrow 4NaOH + 2H_2$
  따라서 음극은 알칼리쪽으로 기울게 되어 단백질을 융해시켜 조직을 부드럽게 한다.
  (+)양극 : $4Cl + 2H_2O \rightarrow 4HCl + O_2$
  양극은 산성쪽으로 기울게 되어 단백질을 응고시켜 수축되어 조직을 단단하게 한다.

또한 직류 전류는 전기삼투(electro-osmosis)의 성질이 있어서 조직속 수분함량을 이동시키는 화학적 효과가 있다.

이렇게 전극봉 밑에서 발생하는 극으로 음극과 양극이 서로 다른 효과를 발생하게 되고, 전극봉의 극과 극 사이의 조직에서 발생하는 내부적 효과, 즉, 구간의 또 다른 효과를 나타나게 된다.

① 음극봉 효과

알칼리성 반응을 일으키는 성질이 있어 알칼리 용액을 침투시키고자 할 때 사용되는 극으로서, 피부조직의 연화와 신경자극으로 혈액공급이 증가되어 영양과 산소공급 촉진과 모공과 한선 확장효과로 먼지·피지·노폐물 제거에 도움을 주어 피부세포의 신진대사를 증가시켜 준다. 따라서 기미·건성·노화 피부관리에 효과적이다.

② **양극봉의 효과**

산성반응을 일으키는 성질로 산성용액 침투에 사용된다. 신경안정으로 진정효과와 혈액공급의 저하, 모공과 한선 수축으로 피부조직의 강화로 탄력 상승과 산소 발생으로 조직의 활성화가 일어난다.

③ **극간의 효과**(interpolor effect)

전극봉 사이 조직속의 전류전도는 수분함량 및 이온조성과 깊은 관계가 있어서 혈액과 림프의 이동이 증가되는 효과를 나타내게 된다. 따라서 건성 피부는 전기저항이 높아 화학 화상(chemical burn)이 생길 수 있으므로 음극 전극밑에서 화학화상 방지를 위하여 피부저항을 낮추려면 피부표면을 물로 적셔 열효과를 감소시켜 주어야 한다.

조직 전체의 혈액순환 증가로 신진대사가 촉진되며, 노폐물 제거 속도가 빨라진다. 또한 세포막 투과성이 증가되어 세포의 신진대사도 아울러 증가된다.

(3) 적용

① **이온토포레시스**(iontophoresis)

피부 흡수가 어려운 이온성 물질, 즉 겔, 엠플, 세럼, 비타민C 등의 수용성 영양 농축액의 유효성분을 피부 깊숙이 침투시키는 관리방법을 말한다. 침투시키고자 하는 제품에 대한 특성이 각각 다르므로 필수적으로 제품의 기기사용에 대한 설명서를 자세히 살펴본 후에 설명서에 따라 실시해야 한다. 혈액순환과 세포의 신진대사 향상, 피부속의 수화작용 및 수분 흡수력을 증가시키며 피부 재생능력이 빨리 향상되는 효과가 있다.

적용방법

준비단계

딥클렌징을 마친 후 토너로 피부를 정돈한 다음 고객과 관리자의 몸에 부착된 모든 금속류(액세서리)를 제거하고 고객에 대한 부적응증을 검토한 후 관리에 대해 설명을 해준다.

실시단계

1. 전원케이블 연결 후 검정플러스에 검정소켓을, 흰색플러그에 흰색소켓을 연결한다. 검정코드와 연결된 물적신 전극판(스펀지 혹은 부직포나 섬유류)을 고객의 등에 밀착시켜 놓는다.(산성화상 acidicburn 방지목적)
2. 핀셋 모양의 전극봉에 흰색코드와 연결한 후 물적신 코튼으로 감싼다. 안면에 침투물질을 적당량 도포한다.
3. 전극봉을 피부에 밀착시킨 후 스위치를 켜고 on 버튼을 누른다. 양극(+), 음극(-) 버튼을 선택하여 누르고 타이머를 설정한다. 이때 전류강도(보통 0~2mA)는 수동으로 조절하거나 미리 설정되어 있는 것도 있다.(강도 크기는 고객의 느낌에 따라 설정한다.)
4. 지정된 시간(보통 3~6분 또는 10분, 지침서 확인) 동안 침투물질을 약간씩 첨가하면서 전극봉을 피부표면에서 이탈하지 않고 안면 중앙에서 바깥쪽을 향해 원을 그리면서 고르게 침투시킨다.
5. 타이머 작동이 삐 소리가 나면 스위치를 끄고 전극봉을 피부표면에서 떼어 놓는다.

② 디스인크러스테이션(disincrustation)

안면박리 또는 노폐물 각질제거라고 하는 딥클렌징 단계로 음극봉에서 발생되는 알칼리(NaOH, 수산화나트륨)에 의해 피지를 유화시켜 용해하고 각화된 각질세포 제거와 모공속의 노폐물 제거에 효과적인 관리방법이다. 주로 식염수나 세정앰플을 이용하여 복합성 피부의 T-zone부위, 지성, 여드름 피부의 과잉피지 제거에 이용된다.

적용방법은 이온토포레시스와 동일하다. 단 전극봉은 반드시 음극으로 실시하되 고객은 반대극성의 전극판을 손에 쥐거나 팔뚝에 부착하거나 등에 부착시키도록 한다.

(4) 주의사항

① 침투물질의 제품 특성과 지침서를 확인하고 기록된 내용대로 따라야 한다.
② 전류세기 강도는 고객의 느낌에 따라 서서히 증감시켜 조절해야 한다.(Vit C 투입시 주의)
③ 관리전 고객의 몸에 금속류 유무를 반드시 살펴야 한다.
④ 물적신 접지 전극판을 반드시 고객의 몸에 부착시켜야 한다.
⑤ 물질 침투 과정 중에는 전극봉을 피부표면에서 절대로 떨어지지 않도록 주의해야 한다.(전극봉이 떨어지는 순간 스파킹 현상으로 화상과 쇼크가 생길 우려가 있다.)
⑥ 스위치 작동은 전극봉이 피부에 부착된 상태에서 이루어져야 한다.
⑦ 전극봉은 한번 사용 후 반드시 정제수로 깨끗이 세척 후 재사용 해야 한다.
⑧ 사용시간은 제품의 지침서에 따라 정확히 따라야 한다.(오래 적용할 시, 피부에 자극을 줄 수 있다.)
⑨ 눈주위의 관리는 피한다.
⑩ 전극봉의 금속 부위가 피부에 닿지 않도록 한다.
⑪ 피부표면은 항상 수분이 존재할 때 관리한다.(마른피부는 화학화상 위험 우려가 있다)
⑫ 극성의 변환시에는 반드시 스위치를 끈 상태에서 변환시켜야 한다.
⑬ 사용이 끝난 기기와 모든 부속품은 소독기에 살균한 후 건조시켜 정돈 보관한다.

● 비적용증

① 열성질환, 전염성 피부질환, 염증성 피부질환이 있는 자는 절대 금지한다.
② 심장병, 고/저혈압, 당뇨병, 간질병, 수술 직후 환자는 금지한다.
③ 인공심장박동기 착용자나 몸속 금속류를 이식한 자(루프, 골절이음쇠, 치아교정기 등)
④ 임산부와 신경증 환자로 전기 충격에 약한 자는 금지한다.
⑤ 과민성, 모세혈관 확장, 상처부위 피부는 특히 금해야 한다.

그림 4-3 갈바닉 기기

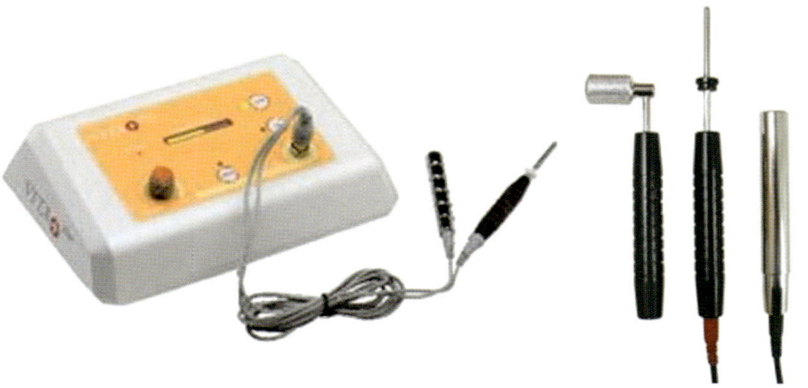

그림 4-4 갈바닉 시술

2) 리프팅 기기

인체는 세월이 흘러 나이가 들어감에 따라 스트레스, 생활습관의 변화, 환경오염에 의해 피부의 탄력을 잃게 되고 주름이 형성되는 노화현상이 나타나게 된다. 이러한 현상을 완화시키기 위한 목적으로 제작된 기기가 리프팅 기기이다. 리프트(lift)라는 '들어 올리다'의 뜻을 갖고 있는 단어에서 인용된 명칭이다.

탄력이 없어 늘어진 피부 근육을 전기적 자극을 이용하여 근수축의 효과를 나타냄으로써 피부 근육의 탄력 회복에 도움을 주게 된다. 즉, 약한 전류로 자극하여 대뇌효과와 순환효과 및 수축효과를 증진시켜 젊고 탱탱한 근육으로 회복시켜 주는 기기이다.

사용되는 전류와 전극봉의 종류는 매우 다양하다. 직류 전류 중 연속직류의 이온도입 원리와 단속직류의 전기근육자극 원리를 이용하거나, 교류 전류 중 중·저주파 전류의 간섭류에 의한 역학적 효과를 이용하거나, 또한 초음파(ultra sound)에 의한 심부 온열 효과로 미세 순환과 자극 효과를 나타내는 물리적 특징을 이용하는 것이 있다.

전극봉은 핀셋형, 막대형, 롤러형, 고무장갑형, 마스크형, 작은 칩형, 사각이나 원형의 고무형 등의 다양한 전극봉을 이용하는 안면 및 전신용 리프팅 기기가 있다.

(1) 원리 및 효과

① 직류 전류의 리프팅 원리 및 효과

직류 전류는 5가지 생물학적 효과가 있다. 순환 증가, 근육이완과 토닝, 치료효과 확대, 회복 촉진, 통증완화를 리프팅에 이용한다.

리프팅은 수의근에만 관계함으로써 대뇌의 감지에 의해 말초신경의 흥분으로 근육 내 긴장이 유지되어 탄력을 회복시켜 주는 원리이다.

직류 전류에는 연속 직류와 단속 직류가 있는데 연속 직류의 이온도입 원리를 이용하여 수용성 물질이나 미네랄워터 등의 물질 침투를 통하여 탄력을 회복시키는 화학적 원리의 리프팅 기기(전극봉사용)와 단속 직류의 역학적 효과를 이용한 저주파 자극이 근육을 자극하여 효과를 나타내는 장갑형의 리프팅 기기는 피부표면에 파우더를 도포하고 고무장갑을 끼고 건식 마사지로서 손의 움직임을 원활히 하여 순환을 촉진하여 리프팅의 효과를 나타내는 마이크로 마사지 원리가 있다.

연속 직류의 효과는 수용성 물질이 진피층까지 침투되어 탄력회복과 세포의 활성화를 촉진하고, 단속 직류의 효과는 림프와 혈액순환 촉진으로 편안한 느낌을 주며, 결합조직의 수축이완 작용에 의한 조직강화로 근육과 주름이 팽팽해져서 탄력감을 회복시켜 준다.

② 중·저주파 전류 리프팅 기기 원리와 효과

안면근육 자극을 위한 주파수는 중주파 4000Hz 이하, 저주파 500Hz 이하의 낮은 전류의 세기(20~640mA)와 여러 가지 파형과 주파수를 단계별로 자동 혹은 수동으로 변경 조절되면서 관리하는 기기이다. 낮은 주파수 전류는 근육 깊은 곳까지, 높은 주파수 전류는 표피선에서 영향이 미치게 된다.

근조직의 3가지 운동에는 동심 근육운동(concentric), 이심 근육운동(essentric), 정적 근육운동(isometric)이 있는데, 이 중 정적 근육운동(등척운동)의 원리로 근육의 크기에는 변함없이 탄력을 증가시켜 주름 개선과 처진 근육을 수축시켜 긴장과 힘을 부여함으로써 리프팅과 운동에 의하여 회복에 도움을 주는 효과가 있다.

근래에는 전류의 진폭을 변조시켜 뇌파와 유사한 간섭 주중파를 개발하여 저항이 작고 느낌이 부드러우며 몸속 금속 유무와 관계없는 전류로써 관리시간의 증가가 가능한 기기도 출현되고 있다. 따라서 혈관확장과 근육토닝은 3~5Hz, 근육이완은 100Hz, 혈액과 림프순환 증진 및 신진대사 활성화와 세포기능 증대 기능은 Hz 주파수로 관리한다. 특히 눈 주위와 이중턱 관리시에는 아주 낮은 주파수(0.5~100Hz)를 이용하고 일반적으로 주름과 리프팅 관리는 3~4,000Hz로 주파수를 폭넓게 사용한다.

안면관리 시간은 보통 30~45분씩 집중관리는 1주 2회, 유지 예방관리는 2주 1회 정기적으로 관리한다.

전기 자극에 의해 혈액과 림프 순환이 촉진되어 세포의 신진대사 증진, 결합조직과 근조직의 강화로 피부탄력이 증강되고 지방층의 대사활동을 자극하는 효과를 나타낸다.

③ 초음파 리프팅 기기

인간의 청각은 2,000Hz 이상은 감지할 수 없다. 초음파는 인간이 들을 수 없는 불가청 진동음파(acoustic vibration)로서 1초에 20,000Hz 이상 진동하는 음파를 말한다. 초음파의 음향 에너지는 조직속 분자의 진동을 일으켜 열과 역학적 에너지를 생산하게 된다.

초음파 리프팅 기기는 초당 20,000Hz 이상의 진동음을 내는 초음파가 매초당 100~300만 번 이상씩 세포를 때려주는 작용으로 세포 깊숙한 곳에서 온열효과가 발생하여 순환계 활동에 도움을 주고, 신경조직 자극으로 피부세포의 신진대사 촉진을 상승시켜 영양의 흡수율을 높여 피부의 긴장감과 탄력감을 부여시켜 안면 윤곽이 뚜렷해지는 효과를 나타낸다. 이러한 초음파의 생리적 효과와 물리적 효과중 열효과에 의한 혈류량 증가, 신진대사 증가, 근조직 수축변화, 효소 활성의 변화와 물리적 작용에서 미세한 음향의 흐름으로 생체막 투과성이 촉진되고, 세포내 초음파의 휘젓기 효과(stirring effect)에 따른 미세 마사지가 일어나 부종 감소와 음파영동 효과로 물질 침투에 높은 흡수율을 나타내고 근육의 모세혈관 밀도와 미세 순환을 증가시키는 효과를 나타낸다. 따라서 결합조직 형성세포(섬유아세포)의 재생과 교원섬유 생성을 자극하여 탄력을 회복시키는 리프팅 효과의 원리를 이용한 기기이다.

(2) 구성과 적용

갈바닉 리프팅 기기의 구성은 유닛 본체와 여러 모양의 전극봉, 유닛과 전극을 연결하는 소켓과 전선, 접지 역할의 전극판으로 구성되어 갈바닉 전류형 기기는 피부 표면에 침투 물질(미네랄 워터, 특정로션 혹은 크림)을 도포한 후 본체와 연결된 전극봉 혹은 장갑형 전극으로 일정시간 동안 이마, 눈가, 볼, 입주위, 턱, 목부위를 한 개의 봉은 정지점에 고정시키고 다른 봉은 안면 근육의 결에 따라 약간의 압을 주면서 이동한다. 장갑형의 전극은 클렌징된 안면 피부표면에 파우더를 도포하고 가벼운 건식 마사지 동작을 데콜테 부위까지 실시하여 마이크로 림프드 레나지의 기능을 포함하는 기기이다.

중·저주파 리프팅 기기의 구성은 거의 똑같으나 전극의 모양이 막대형이거나 접착성 고무나 금속 전극판과 작은 칩 모양의 전극판으로 되어 있어 건조한 상태에서 부착한다. 주로 이마, 입주위, 아랫볼과 턱을 중심으로 안면근의 기시와 정지점을 정확하게 부착한 뒤 고객의 느낌에 맞추어 전류 강도를 조절하여 30~45분 동안 실시한다.

초음파 리프팅 기기는 초음파의 온열효과를 이용하여 콜라겐과 엘라스틴 섬유의 재생작용으로 안면 근육 탄력을 회복시킴으로써 물리 화학적 효과를 발생하는 리프팅 기기의 적용은 착용된 모든 금속물을 제거한 뒤 효소제에 의한 딥클렌징된 안면 부위에 전용 겔을 직접 도포하거나 헤드(무브전극)에 도포하여 안면부위에 밀착시킨 뒤, 전원 연결 후 스위치 on →Enter key → 리프팅 프로그램 설정 → Enter key → 관리 Start에 들어간다. 헤드는 원을 그리듯 빙글빙글 돌면서 1~2초에 5~6cm 정도 기준으로 이동한다. 방향은 중심에서 바깥쪽을 향하여, 턱과 볼은 밑에서 위쪽을 향하여, 주로 림프절 쪽을 향해 이동한다. 강도는 고객의 느낌에 맞추어 실시한다. 관리시간은 5~15분 동안 실시한다. 관리가 끝난 후 겔을 닦아낸 다음 재생 마스크를 통해 영양물질의 침투효과를 높여 주도록 한다.

특별히 초음파 기기 사용시에 전용 겔을 도포하는 이유는, 초음파는 전자파와 달리 에너지가 조직에 전달되기 위하여 초음파 변환기(헤드부분) 표면과 피부 표면 사이에 전달 매개물질이 존재해야만 표면 사이에 존재하는 공기에서 현저하게 감소되는 초음파에너지를 방지할 수 있기 때문이다. 공기중에서의 피부 표면은 초음파 에너지가 거의 100% 반사되는 성질이 있기 때문에 헤드와 피부 사이의 공기층을 없애 반사를 최소화 하고 전도성을 높이기 위하여 겔을 사용하게 된다. 사용되는 겔의 특성은 초음파 에너지의 전도율이 높아야 하고, 흡수력은 약해도 피부에 대한 접착력이 좋아야 하며, 헤드 이동이 원활하도록 윤활성이 높아야 하며, 피부에 자극이 없고 값싸고 쉽게 구입할 수 있는 것이어야 한다.(초음파 기기 참조)

(3) 주의사항

① 모든 전기기기 사용시 고객과 관리자는 신체에 금속 물질(액세서리)을 제거해야 한다.

② 전선과 소켓, 금속 기구를 다룰 때 손에 물기가 없는 건조한 상태에서 다루도록 한다.

③ 안면 턱부위, 코부위의 연골이나 골격 부위 관리시에 전극봉의 과잉 현상으로 민감한 반응이 나타나지 않도록 주의한다.

④ 사용이 끝난 전극 중 금속류는 부드러운 알코올 솜으로 소독하여 건조시켜 살균 소독기에 살균한 뒤 부속품과 함께 잘 정리하여 보관한다.

⑤ 장갑형 전극 사용시 장시간 관리할 경우 피부 손상 우려가 있으므로 시간 관리에 주의해야 한다.

⑥ 대체로 리프팅 기기의 관리는 정기적으로 실시하되 연속적인 기기만의 관리보다는 제품과 수기에 의한 마사지 관리를 정기관리 사이에 번갈아 실시함으로써 공동 상승효과를 나타내는데 도움을 줄 수 있다.

⑦ 초음파 리프팅 기기 사용시 헤드 이동이 너무 느리거나 한 부위에만 계속 사용하게 되면 화상 우려가 생길 수 있으므로 주의한다. 관리시간을 정확히 지킨다.

• 비적용증

① 안면신경통증, 피부질환, 심장질환, 순환장애자(정맥이상증·혈전증·혈우병)는 금지한다.

② 간질환, 임산부, 종양, 암, 간질 환자는 사용을 금해야 한다.

③ 호르몬 사용으로 모세혈관이 확장된 경우나 성형외과적 삽입물 존재시, 생리중일 경우에는 중·저주파 리프팅 기기의 사용을 피해야 한다.

④ 지나치게 탄력이 없는 피부도 사용을 금한다.

⑤ 인공심장박동기 착용자는 사용을 금지한다.

⑥ 눈주위 관리시 안구(눈두덩)의 적용은 절대 금지한다.

⑦ 수술 후 100일이 지나지 않은 자의 관리도 금지한다.

그림 4-5 리프팅 시술

3) 고주파 기기

주파수 100,000Hz(100kHz) 이상의 교류전류를 고주파전류(high frequency current; HFC)라고 한다. 1890년대 프랑스의 달송발(Arsene D' Arsonval)과 미국의 테슬라(Tesla)에 의해 고주파전류의 발생법 고안에 의하여 인체의 생리적 효과와 살균작용의 효과를 이용하는 기기로 발전하게 되었다.

(1) 원리 및 효과

인체조직에 고주파 전류를 통전하면 진동폭이 매우 짧아 화학적 반응, 즉 이온운동이 전혀 없이 진동전류 에너지는 열에너지로 빨리 전환되는 특징이 있다. 정상근을 자극시키는 맥동기간이 아주 짧아서 감각신경이나 운동신경을 자극하지 않아 근수축이나 불편감을 느끼지 않고 특정부위만을 가열할 수 있는 심부열 효과를 나타내는 기기이다.

고주파전류의 원리는 일단 형성된 전류가 파장을 만들어 진동 에너지인 단파를 발생시켜 전극봉 유리관 내의 공기와 가스가 이온화되어 전류가 유리관을 통하여 피부로 전달되는 원리이다. 적용방법에는 직접법과 간접법 두 가지가 있는데 안면과 전신 모두 사용이 가능하며 각각 서로 다른 효과를 발휘하므로 고객에게 적절한 방법을 선택하여 사용한다. 직접적용시 피부표면과 전극봉이 약 1mm 정도 간격을 유지하면 효과를 증대시킬 수 있으므로 피부표면에 안면용 거즈를 덮고 사용한다.

유리관으로 되어 있는 전극봉 내부에 공기가 있으면 자색, 네온이면 붉은색, 아르곤이면 녹청색, 수은이면 푸른자색, 오존이면 연보라색의 빛을 발생하게 된다.

- 직접 적용방법의 효과

① 지성과 건성, 노화와 복합성 피부의 문제점을 개선시킨다.

② 스파클링 기능에 의한 오존형성과 열, 자외선에 의하여 세균 살균 효과가 있어 염증성 여드름과 흉터 개선에 도움을 주고, 피부 신경 종말 자극으로 모공수축 작용을 한다.

③ 근육내 열 발생이 신진대사 촉진을 증가시켜 산소 및 영양 공급과 노폐물 배설을 증진시킨다.

④ 열 생산에 의한 혈액순환 촉진과 피지선 활동 증가로 건성 피부의 윤기를 부여시키고, 미열은 신경종말을 진정시켜 편안한 느낌을 갖게 한다.

- 간접법 효과

① 혈액순환 증가로 약간의 홍반현상이 나타나며, 근육내 상태의 온열효과 현상으로 영양 및 산소 공급 증가와 노폐물 배설 속도가 증가되어 근육상태 호전으로 노화와 건성 피부를 개선시킨다.

② 온열현상으로 기초대사량이 증가되어 피부상태를 호전시킨다.

③ 미열과 경찰마사지(에플라지)의 작용으로 감각신경종말에 진정효과를 주고, 근육의 긴장완화에 도움을 주지만 살균효과는 없다.

(2) 구성과 적용

● 직접 적용방법

직접법은 자극과 건조효과가 있어 지성·여드름 피부에 적합하다. 노화 및 건성피부는 적용시간을 3~5분, 지성피부는 8~10분 정도 적용한다.

유리 전극봉의 종류 중 버섯형은 안면 직접법, 롤러형은 거즈나 크림 없이 전신 직접법, 직각형은 안면 턱부위의 직접법, 빗살형은 두피 직접법, 코일형은 앰플공급의 직접법과 간접법에 사용한다.

이외에 끝이 뾰족한 유리 전극봉은 염증부위의 박테리아 살균목적인 스파클링 요법에 적용한다.

① 안면의 클렌징과 딥클렌징을 마친 후 무알코올 토너 정돈 후 약간의 영양크림을 안면과 목에 도포한다.
② 고객에게 관리과정과 효과 및 주의사항과 비적용증, 기기소음에 대하여 설명한다.
③ 안면부위에 마른거즈를 덮어 들뜨지 않도록 피부표면에 잘 밀착시킨다.
④ 준비된 기기에서 적절한 전극봉을 선택하여 소독 후 홀더에 끼운다. 유리전극봉 끝의 금속부위를 홀더 내부의 금속부위와 꼭 맞게 끼운다.
⑤ 고객의 안면부위에 전극봉 끝부분을 밀착시킨 후 스위치를 켜고 강도를 고객의 느낌에 맞춘 후 안면 전체부위를 작은 원을 그리듯 가볍게 마사지하면서 이동한다.
⑥ 일정시간 마친 후 강도의 크기를 '0'으로 낮춘 다음 전극봉을 피부에서 떼어낸다.
⑦ 사용한 전극봉은 소독 후 자외선 살균소독기에 30분간 살균한 다음 기기본체와 함께 통풍이 잘 되는 곳에 정리하여 보관한다.

● 간접 적용방법

수분이 부족한 건성 피부나 혈액순환이 잘 안되는 피부, 피로에 지친 피부에 효과적인 간접법은 신체의 온열효과로 피부의 긴장을 이완시켜주고 고주파 전류의 신체내 침투효과로 신진대사가 촉진되지만 살균효과는 없는 것이 특징이다. 피부상태에 따라 8~20분간 손마사지를 하여준다. 이는 전극봉을 통하여 고주파 전류가 고객에게 직접 통전되어 피부미용사의 피부 접촉 손마사지로 인하여 고주파 전류의 효과를 얻어내는 것이다. 따라서 피부미용사의 손은 통전 중 절대 고객의 피부에서 이탈하지 않도록 해야 한다.

① 간접법의 비적용증을 확인 후 고객과 관리자의 몸에서 모든 금속물을 제거한다.
② 고객에게 기기소음과 관리과정을 설명한다.
③ 딥클렌징된 피부에 약간의 크림을 도포하고, 고객의 손에 탈크 파우더를 발라준다.
④ 코일이 내장된 유리 전극봉이 끼워진 홀더를 고객의 한쪽 손에, 다른 한쪽 손에는 유리 전극봉을 꼭 잡게 한다.
⑤ 관리자는 두 손을 고객의 안면에 밀착시킨 후, 고객이 직접 스위치를 켜고 강도를 본인의 느낌에 따라 알맞게 조절하도록 한 다음 관리자는 서서히 안면부위를 가볍게 누르듯 쓰다듬기(경찰법) 동작을 하여 준다. 이때 손이 피부에서 절대로 이탈되지 않도록 한다.
⑥ 일정시간 동안 관리를 마친 후 고객이 서서히 강도를 낮추어 스위치를 끈 다음 관리자는 피부에서 손을 떼어낸다.
⑦ 사용한 전극봉은 소독 후 자외선 살균소독기에 30분간 살균한 다음 기기본체와 함께 통풍이 잘 되는 곳에 정리하여 보관한다.

(3) 주의사항

① 고객의 신체에 접촉된 금속물질을 모두 제거한 후 기기소음과 관리과정 및 효과를 설명한다.
② 무알코올 토너(스킨로션)만을 사용한다.
③ 간접법 적용시 고객의 홀더와 전극봉을 잡을 때 스파클링 현상 방지를 위해 꼭 잡도록 한다. 반지 제거를 반대하는 고객일 경우 반지낀 손이 홀더를 잡게 한다.
④ 직·간접법 모두 골격 부위는 특히 주의하면서 고객에게 말을 걸어 편안한 상태에서 관리한다.

● 비적용증

① 직·간접법 모두 민감성 피부, 피부의 찰과상, 혈관이상, 다모부위, 체내 금속물 존재시, 신경 과민증, 피부염 또는 기타 피부장애가 있는 경우에는 관리를 금한다.

② 특히 간접법은 고주파 전류가 신체 깊숙이 통전되므로 임산부, 생리중, 당뇨병과 간질증 환자 및 인공심장박동기 착용자는 절대 금지한다.

그림 4-6 고주파 시술

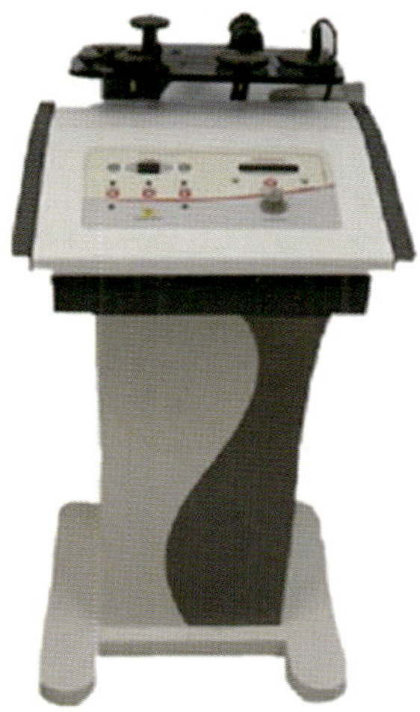

FACE & BODY HANDLE

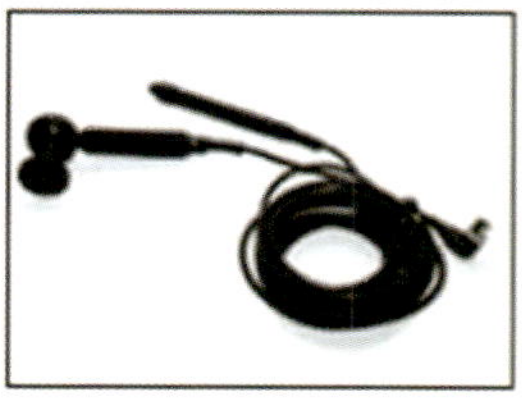

PLATE

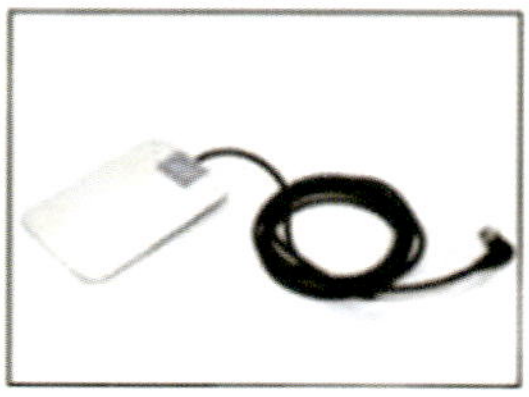

ELECTRODE

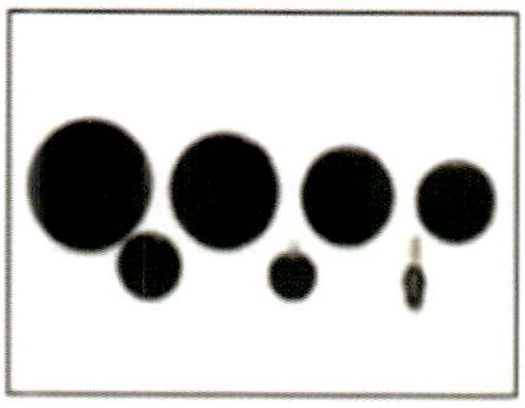

그림 4-7 고주파 기기

4) 초음파 기기

석영, 수정과 같은 천연 혹은 합성 세라믹 결정(crystal)에 교류 전류를 통전하여 결정이 압축과 비압축의 반복으로 기계적인 진동이 일어나 초음파를 발생하는 역압전효과(reverse piezoelectric effect)의 원리를 이용한 기기이다.

초음파(ultrasound)는 진동 주파수가 17,000~20,000Hz 이상으로 인간의 귀로 들을 수 없는 불가청 진동음파로서 인체 조직과 피부 세포간에 아주 미세한 진동을 일으켜 열과 역학적 에너지를 생산해내는 음향에너지로서 인체 신진대사를 촉진하여 피부미용적 효과를 나타내는 특징이 있어 피부미용에 많이 이용되고 있다.

(1) 원리 및 효과

음파는 진동 주파수에 따라 저음파, 음파, 초음파로 나뉘는데 지진과 같이 진동수가 낮아 사람이 들을 수 없는 최저음파인 저음파(infrasound), 사람이 들을 수 있는 음파(sound- wave), 음파의 주파수보다 높은 음파를 초음파(ultrasound), 매우 높은 주파수의 음파를 극초음파(pretersound, hypersound)로 분류된다.

초음파는 기체, 액체, 고체 등의 매질속을 진행할 때 분자의 진동을 발생시키는데 기체 액체의 매질속에서는 분자의 파동이 수평 방향으로 앞뒤 진동하는 종파와 고체에서는 수직방향으로 상하 진동하는 횡파가 있다. 그러나 진공상태에서는 전파되지 않는다.

또한 초음파는 서로 다른 매질의 경계면에서는 굴절과 반사가 일어나 에너지가 감소되고, 특히 표면의 통증 및 화상과 헤드부분의 고장이 생길 우려가 있다.

즉 한 조직속에서 일정한 속도로 진행하다가 다른 조직의 경계면에 이르면 음파의 진행방향이 굽어지는 굴절현상이 나타나 높은 열발생으로 통증과 화상이 동반될 수 있으므로 언제나 초음파 헤드를 사용할 때에는 반사방지를 위한 초음파 전용 겔을 도포하고, 굴절 방지를 위하여 표면에 수직으로 밀착시켜 사용해야 한다.

인체 적용시 열과 역학에너지를 발생하는 초음파의 전형적인 피부미용학적 효과는 온열효과와 물리적 및 화학적 효과로 나타나게 된다.

조직의 온도상승에 의하여 혈관내 혈류량의 증가로 혈액순환이 촉진되어 혈관의 기능이 강화됨과 동시에 림프활동이 증가되며, 조직의 대사활동 증진으로 생체막 투과성이 상승되고 음향효과에 의한 영양물질의 확산속도 증진으로 흡수속도가 촉진되는 효과가 있다. 이러한 순환계 활동에 자극을 주게 되므로 노폐물 제거와 피부활성화 상승효과가 나타나므로 안면 피부미용에 이용된다.

초음파 진동에 의한 물리적 효과로는 작고 수많은 거품의 생성으로 분비물 배출 활성이 이루어져 피부의 세정작용과 미세한 마사지 효과가 생겨 세포구조의 이완 작용 및 부종감소 등의 효과가 있다. 특히 초음파의 진피층 침투로 인하여 섬유아세포가 활성화 되어 콜라겐과 엘라스틴의 생성을 증가시키게 되는 화학적 효과로 피부의 주름과 여드름 흉터의 완화와 탄력이 증가하게 된다. 또한 초음파는 신체 일부의 지방을 분해하여 생성된 지방산의 배출을 극대화시키는 작용도 하므로 전신비만이나 복부비만 관리에 이용된다.

(2) 구성과 적용

기기 구성은 안정된 출력을 공급하는 전원공급회로가 내장된 본체와 50~60Hz의 교류전류를 고주파 고압전류로 만들어 금속전극에 전달해 주는 케이블이 부착된 헤드(변환기)로 구성되어 있다. 헤드는 초음파 발생 부분으로 금속전극과 금속판 사이의 압전재(예: 수정판)가 고주파 교류전류에 의해 변형되면서 압축 비압축의 반복적 변화로 진동을 발생하는 부문이다.(3장 초음파 참조)

세안이나 스켈링 목적에는 주걱형상의 스크러버 프로브(scrubber probe) 핸들을 사용하고, 리프팅이나 영양침투(음파영동법, phonophoresis)를 목적으로 할 때에는 주로 전극봉 형상의 둥근 모양의 헤드를 사용하여 각각의 기능 프로그램을 설정하여 적용한다.

● 적용방법

① 고객의 몸에 부착된 모든 금속류 제거 후 비적용증 유무를 검토한다.

② 초음파 관리에 대한 내용을 고객에게 설명한 후 깨끗이 세안된 피부에 안면 전용 겔(리프팅) 혹은 비타민C나 앰플(음파영동)을 도포, 또는 세안 및 스켈링 프로그램 적용시에는 정제수나 무알코올 살균용액을 듬뿍 뿌려 사용한다.

③ 전원 스위치를 켠 후 모드의 프로그램을 선택하여 전류세기와 시간을 설정한 후 스타트 버튼을 누르고 관리를 시작한다.(기기종류에 따라 강도와 시간의 차이가 있으나 보통 중간정도의 강도로 시간은 10~12분 정도 관리한다.)

④ 프로브의 사용은 피부표면과의 각도는 45˚가 가장 안정적이며 세안과 스켈링시에 굽은쪽으로 가벼운 압을 주면서 이동한다.

⑤ 전극봉형의 헤드 사용은 수직으로 10cm 기준에서 약 2~3초간 빙글빙글 원을 그리듯 회전하면서 이동한다.(직선왕복법은 신체부위 관리시 적용)

(3) 주의사항

① 프로브나 전극형 헤드 사용시 매개물질은 충분한 양을 도포하여 피부표면의 자극과 기기 기능의 약화를 방지해야 한다.

② 관리 도중 약간의 홍반은 가라앉지만 민감성 피부일 경우 트러블 원인이 되므로 즉각적으로 관리를 중지한다.

③ 눈 주위 및 갑상선 주위의 관리는 피한다.

④ 관리 후 프로브와 헤드의 금속표면이 상처가 나지 않도록 주의해야 하며, 언제나 중성세제나 소독용 알코올로 세척 소독 후 건조시켜 보관한다.

• 비적용증

① 인공심장박동기 착용자, 악성종양 환자 및 징후 환자는 절대 금지한다.

② 열린 상처나 염증부위, 눈주위, 귀부위는 금한다.

③ 어린이, 임산부, 심장질환자, 혈압 이상자, 열성환자, 혈전증 등은 사용을 금한다.

④ 안면 성형이나 피부과 수술 후 3개월이 지나지 않은 자도 관리를 금한다.

그림 4-8 초음파 기기

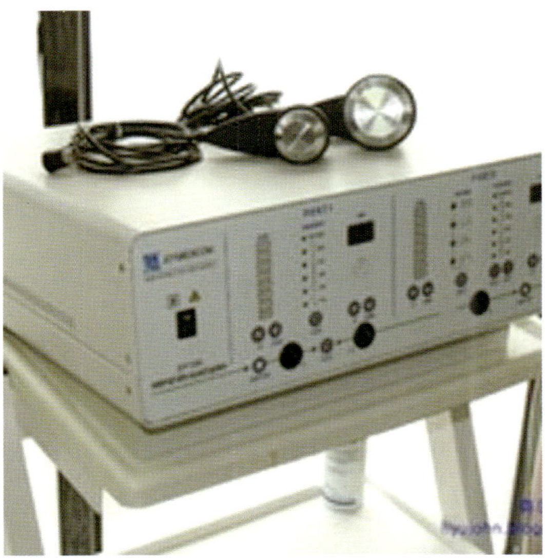

그림 4-9 초음파 시술

5) 진공흡입 기기(버큠석션기, 패터기, 부항기)

피부표면을 진공상태로 만들어 세포와 조직에 적절한 압력을 가하여 세포활동을 촉진시켜 대사과정의 개선과 해당부위의 세포간·조직간에 정체된 노폐물을 효과적으로 배설시키는데 도움을 주는 기기로 일명 석션기라고 한다.

(1) 원리와 효과

벤토즈(ventouse)라는 다양한 모양과 크기로 만들어진 유리컵이 있어 안면과 보디 모두 적절하게 이용할 수 있다.

관리목적은 림프와 혈액의 흐름을 촉진시켜 기초대사량을 높이는데 있다. 따라서 컵 사용시 림프 흐름의 방향대로 움직여 흐름을 촉진시켜야 하므로 림프계에 대한 해부 생리학적 기능을 이해하여야 한다. 조직세포간에 분포되어 있는 모세림프관은 모세혈관에서 빠져나온 단백질 분자나 주요

물질 및 노폐물을 받아들이는 맹관에서부터 시작되어 점점 큰 림프관으로 전달되는데 림프절(lymph nodes)이라는 작은 콩 모양의 구조가 집단으로 모여 있는 기관에서 해로운 이물질이 여과된다. 이때 해로운 이물질은 림프구에 의해 파괴되고 항체가 함유된 깨끗한 림프성분이 큰림프관을 통하여 결국에는 정맥혈관으로 들어와 혈액과 합류하게 되는 체계로 되어 있다. 림프흐름의 속도는 여러 외부요인에 의하여 좌우되는데, 특히 근육의 긴장과 이완이 조직에 많은 영향을 미치게 되므로 흐름 속도를 좌우하게 된다. 또한 흐름의 역류 현상을 방지하기 위하여 림프관 곳곳에 판막이 존재하며 흐르는 양의 조절은 모세혈관 내부와 조직 내부의 압력 차이로 인하여 조절된다. 따라서 진공흡입 기기 관리는 해당부위에서 가장 근접한 림프절을 향하여 림프흐름의 방향에 따라 이루어져야 한다.

적용효과는 스티머 분사 후 적용시 간단한 세안효과와 여드름 지성 피부의 죽은 각질제거 및 피지제거에 효과적이며 특히 막힌 모낭 청결에 도움을 준다. 건성이나 색소침착 및 노화 피부 관리 시 피부표면 자극으로 혈액순환 개선과 노폐물 제거 및 세포의 활성화로 인하여 문제점을 개선시켜 주고 영양과 산소공급의 증가로 피부색을 개선시켜 주는 효과가 있다.

(2) 구성과 적용

일반적으로 석션기는 스프레이와 함계 설계되어 있어 석션 관리 후 곧 바로 화장수를 스프레이할 수 있도록 되어 있다. 기기 구성은 본체와 적용에 따른 여러 종류의 컵으로 되어 있다. 튜브형의 유리컵은 피지제거와 마사지용으로, 둥근 모양의 작은 컵은 안면 마사지용, 큰 컵은 보디 마사지용으로 사용한다. 석션 기능의 강도와 빈도수를 버튼으로 조절하여 사용되는데 패터(patter)용 버튼을 이용하여 일정한 리듬의 진동 흡입방식의 부드러운 진동 진공 마사지를 1개의 컵 또는 2개 컵으로 동시에 적용할 수 있다.

- 적용방법

  ① 비적용증을 검토하고 관리에 대한 간단한 설명을 한다.

  ② 고객의 신체에 접촉된 금속물질 제거 후 스티머나 딥클렌저로 세안을 청결히 한다.

③ 안면과 목 부위에 크림이나 오일을 적당히 도포한다.

④ 목적에 적합한 벤토즈를 선택하여 어댑터(adapter)에 끼운 후 스위치를 작동하고 관리자의 전완 안쪽에 대고 강도를 시험 조절한다.(안면 흡인력 20%)

⑤ 피지제거 목적은 벤토즈 측면 구멍을 중지로 막고 피부에 수직으로 붙였다 떼었다를 2~3번 반복 후 스프레이 한다.(막힌 면포나 비립종은 모공을 열어준 후 관리한다)

⑥ 마사지 목적일 경우에는 가장 근접한 림프절을 향하여 안면과 목의 굴곡에 따라 컵을 그림 4-10, 4-11과 같이 이동시킨다.(한 부위에 약간의 홍조가 나타날 때까지 2~3회 반복, 10~12분 관리)

⑦ 관리가 끝난 후 피부 표면을 닦고 화장수를 스프레이한 후 온수와 세제를 이용하여 벤토즈를 잘 세척하여 알코올 소독 후 보관한다.

(3) 주의사항

① 관리 전 피부표면에 크림이나 오일을 도포하여 피부의 자극을 최소화시키고 컵의 부드러운 이동을 유도하는데 도움을 준다.

② 벤토즈의 흡입력은 일반적으로 안면은 20%, 바디는 30%를 기준으로 하나 피부상태에 따라 조절하여 적용한다.

③ 벤토즈의 재질이 유리로 되어 있어 다룰 때 깨지지 않도록 주의해야 하며 세척과 소독을 철저히 해야 한다.

● 비적용증

① 안면의 자극된 부위, 즉 모세혈관 확장, 알레르기, 습진, 일광화상, 멍, 저탄력, 피부질환, 과민성, 아크네(여드름), 로자체아(주사비) 부위 등에는 적용을 금지한다.

② 성형이나 보톡스 및 콜라겐 주입 또는 박피 후 얼마되지 않은 피부는 사용을 금한다.

그림 4-10 진공흡입 기기

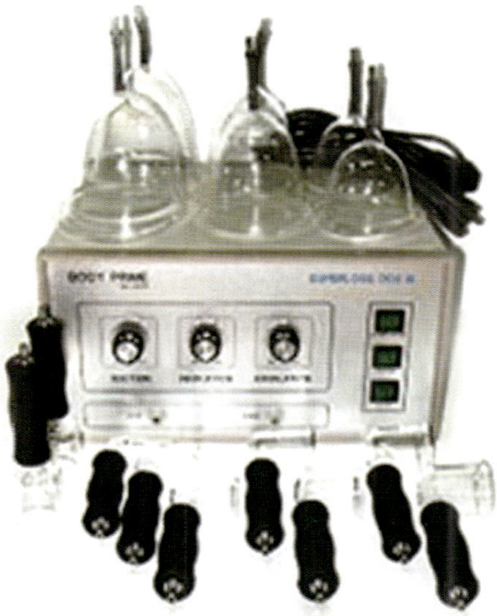

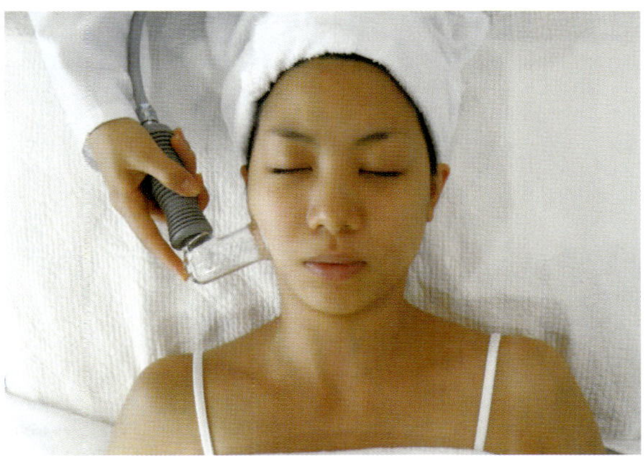

석션 컵타입

그림 4-11 진공흡입 시술

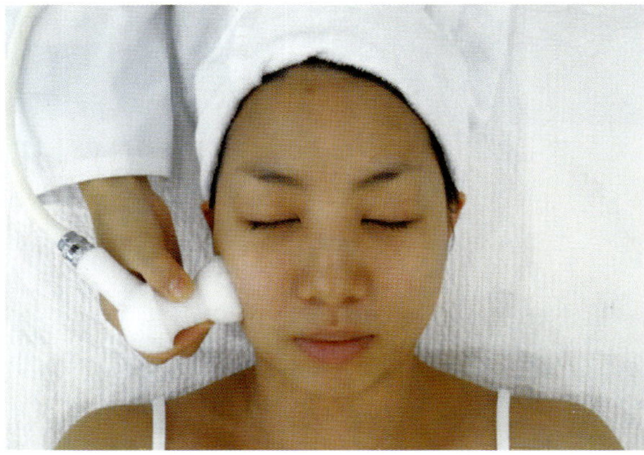

석션 볼타입

6) 냉 · 온 마사지 기기

피부표면의 온도변화 자극을 통하여 혈액순환과 신진대사를 촉진시켜 피부의 물질 흡수(thermophoresis)와 탄력을 증진시켜 주는 기기로서 여드름 압출 후나 메이크업 전 및 피부관리시에 많이 이용되고 있다.

(1) 원리 및 효과

고온 및 저온의 열 조절 장치가 내장되어 적정 온도에 맞추어 혈관과 근조직에 영향을 미치는 미용기기이다. 고온(약 38~39°C)법과 저온(19°C)법 및 교대법의 독특한 사용으로 고온에서는 혈관확장과 신진대사 촉진작용 및 작용물질 흡수에 도움을 주고, 저온에서는 혈관수축으로 신진대사를 지연시켜 혈관 강화와 모공수축 및 탄력증가의 효과를 나타낸다. 특히 피부관리에 들어가기 전에 기기를 적용하면 양호한 피부상태를 만들어 주는 효과가 있다.

냉온 교대법은 교차하는 순간 멈추지 않고 온에서 냉으로 무리없이 바뀌어진다.

(2) 구성과 적용

유닛의 기기 본체와 로드(rod)로 구성되어 있고 로드 단면은 완만한 곡선으로 피부표면에 무리가 없고 부드럽게 이동할 수 있다. 로드는 3가지 다른 방법(온, 냉, 냉온교대)으로 사용 가능하며 일반적으로 온법은 피부의 혈액순환이 불량할 때 마사지 전에 적용하고, 냉법은 피부관리 마지막에 적용하고, 냉온법은 피부관리 중간에 적용시켜 관리의 효과를 증진시키는데 도움을 준다.

• 적용방법

① 피부상태에 따라 온, 냉, 냉온병을 선택한다.

② 목적에 적합한 물질을 도포하고 선택 스위치를 켜고 안면 부위에 로드를 마사지하듯 적당한 시간만큼 굴린다.(온법: 6~8분, 냉법: 2~3분, 냉온법: 10~12분)

③ 관리 후 스위치를 끄고 로드 표면을 청결히 닦은 후 잘 보관한다.

(3) 주의사항

① 냉온법 적용시 온법 적용 후 냉법을 적용하여 혈관 확장과 수축 활동을 활성화 시킨다.

② 물질 침투 목적일 경우 온법으로 6~8분 적용 후 냉법 1분 정도 적용시켜 모공 축소와 혈관 수축작용으로 탄력을 증가시켜 준다.

③ 목과 데콜테 부위는 안면 적용 후에 W/O형의 에멀션을 윤활제로 사용하여 적용한다.

• 비적용증

인공심장박동기 착용자와 맥박조정기(신경조정기, pacemaker) 사용자 및 임산부는 안면에만 주의하여 사용하고 바디부분은 절대 금지한다. 특히 수술받은 암 환자는 사용을 절대 금지한다.

그림 4-12 냉·온 마사지 시술

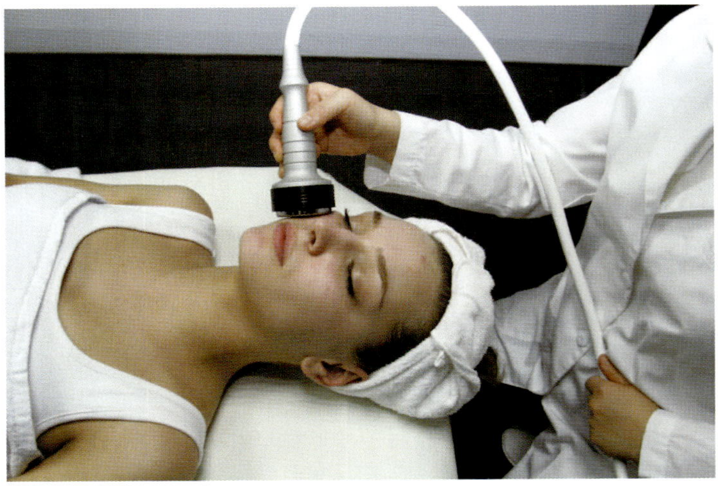

03
안면관리 기기의 피부유형별 적용사례

1) 정상 피부 관리

건·지성이 아닌 중성의 건강 피부로서 철저한 세안과 영양공급 및 수분균형 유지를 위한 목적으로 기기관리가 이루어져야 한다.

2) 건성 피부 관리

건조한 피부에 죽은 각질 제거와 보습과 피지선 자극으로 피지선 기능 항진효과와 피부의 유연성을 회복시켜 건조함과 잔주름 방지 목적으로 기기관리가 이루어져야 한다.

3) 지성 피부 관리

지성 피부를 위한 기기관리는 피부정화(purifying)를 목적으로 딥클렌징 단계를 중점으로 피지제거 및 피지분비 조절로 피부 트러블을 감소시키고 노폐물 정체 해소와 피부호흡 개선을 위한 목적으로 이루어져야 한다.

4) 복합성 피부 관리

복합성 피부는 부위별 건·지성을 나타내므로 부위별 관리가 중점적으로 이루어져야 한다. 지성, 즉 T-zone(턱) 부위의 피부정화와 피지분비 정상화를 위한 관리, 건성, 즉 U-zone(볼 부위)의 유·수분 공급으로 하여 안면 전체 유·수분균형 유지를 목적으로 하는 기기관리가 이루어져야 한다.

5) 민감성 피부 관리

민감성을 진정시켜 주는 관리(soothing treatment)로서 부드럽고 완벽한 클렌징과 피부긴장 완화, 보호, 진정, 안정 및 냉(cooling)효과를 목적으로 기기관리가 이루어져야 한다.

6) 여드름 피부 관리

여드름은 피지선 과잉기능에 의해 분비된 피지가 피부 표면으로 축적되어 모공의 폐쇄 원인에 의한 면포 출현과 세균번식의 원인으로 화농현상이 일어나 문제를 발생하게 되므로 완벽한 세안과 피지제거, 피지분비 조절 및 염증 방지, 여드름 흉터 제거와 아울러 수분과 영양 공급 위주의 목적으로 기기관리가 이루어져야 한다.

7) 노화 피부 관리

노화는 피부 구조와 생리적 기능의 감퇴로 나타나는 내적 노화와 외부 환경에 대한 노출로 인해 나타나는 외적 노화로 구분된다. 가장 대표적인 피부상태는 탄력 감퇴와 색소 침착 현상이 주를 차지하므로 관리는 탄력 회복과 색소 개선 위주의 기기관리가 이루어져야 한다.

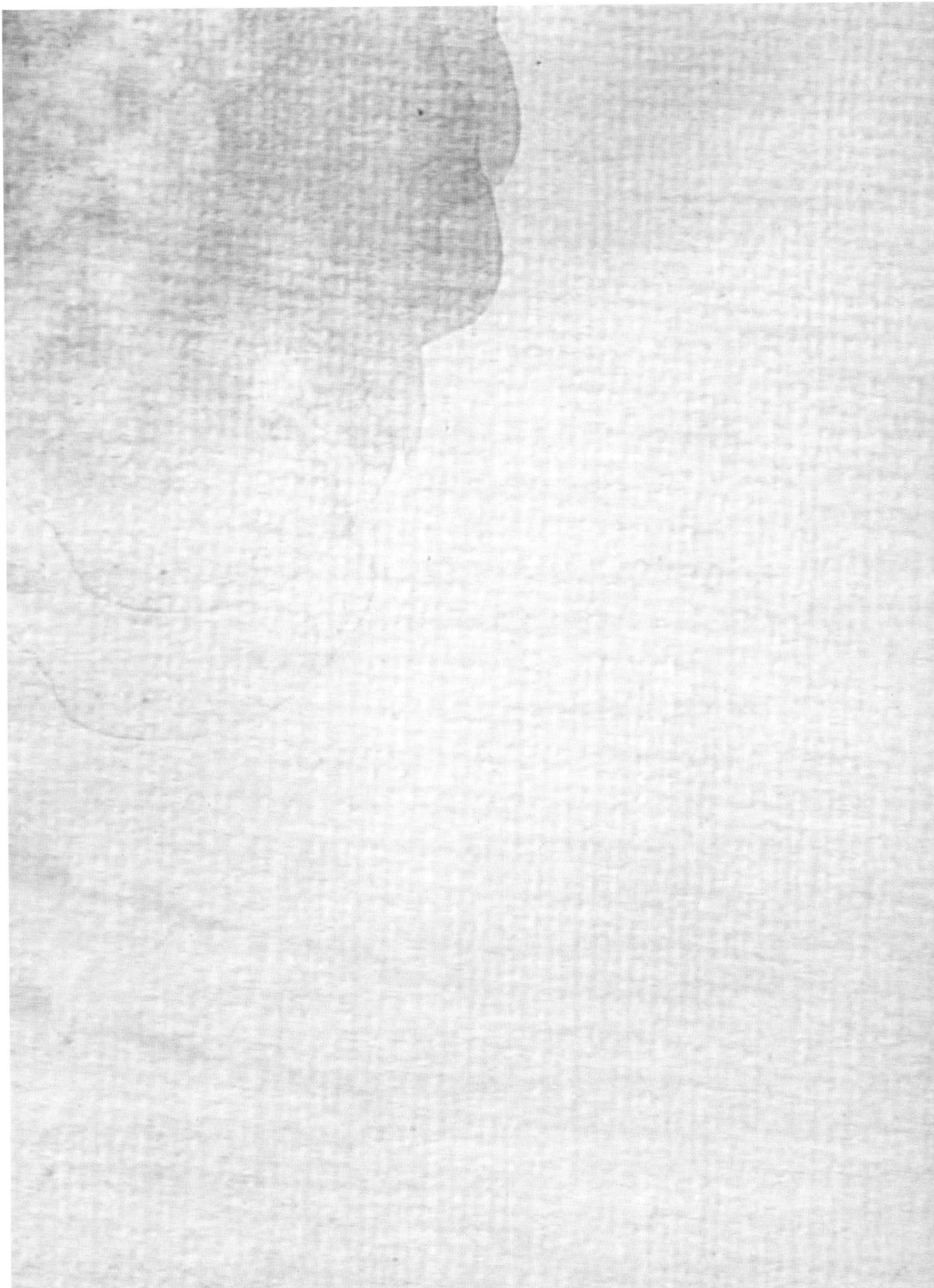

제5장

전신관리를 위한 기기

Beauty
Electrotherapy

01
비만

1) 비만의 정의

비만(obesity)이란 소비 에너지보다 더 많은 에너지를 섭취하여 여분의 에너지가 중성 지방으로 전환되어 지방조직에 축적되고, 이처럼 체지방이 과다된 상태로 체중이 표준체중에 비하여 20% 이상 증가한 상태를 말한다. 체중 과다는 연령에 따라 평균체중보다 체중이 많이 나가는 것을 의미하지만, 개인에 따라 뼈의 무게나 근육이 발달하여 그 무게가 많은 경우가 있으므로 실제적인 비만의 판단은 과체중 여부와 더불어 체내 지방의 함량여부로 판단하는 것이 보다 정확하다. 비만은 대사와 조절의 내분비 기능에 영향을 미치는 유전적 요인과 환경적 요인에 의해 발생하는 것으로 알려져 있으나, 결과적으로 비만은 에너지 균형의 이상에서 발생된다. 즉 과다한 칼로리 섭취에 따라 발생하므로 지방질 식사만 피하면 비만을 줄일 수 있다고 생각되기 쉬우나 에너지원이 되는 녹말 성분과 지방 성분도 과잉으로 섭취하면 대부분 체내 지방으로 저장된다.

일반적으로 섭취한 에너지는 기초대사에 60~75%를 사용하고, 운동과 일상생활 행동에 15~20%, 그리고 음식물의 소화, 흡수, 대사 등에 10% 정도가 소비된다.

비만은 외모의 손상뿐만 아니라, 행동의 불편과 무력(활동량 감퇴), 질병(당뇨, 고혈압, 간장질환 등) 및 사망률의 증가 요인으로 간주되고 있다. 비만이 문제가 되는 것은 비만도가 높을수록 사망률이 높아지고 당뇨병, 고혈압, 심장병 등의 성인병이 비만인에게 많기 때문이다. 최근 연구 결과에 따르면 비만인 체질인 성인병의 발병률이 여윈 사람보다 10~15% 이상 높고 평균 수명도 짧은 것이 입증되었다.

2) 비만의 원인

(1) 유전적인 요인

비만인 사람은 일반 사람보다 위의 활동력이 강하여 음식물의 소화, 흡수율이 높아 식욕이 왕성한 반면 기초 대사율이 낮은 특징을 가지고 있는데 이러한 특징이 유전적으로 정해져 있다는 것이다. 유전은 체질적인 형태의 비만에 영향을 미치는 것으로도 알려져 있으며, 즉 비만인 사람은 그 비만의 형태가 부모의 비만 형태와 유사하게 나타나고 있다.

자녀의 비만도는 양 부모가 정상체중인 경우, 약 10% 정도만 비만아일 가능성에 비하여, 한쪽 부모가 비만일 경우 약 50%, 양쪽 모두 비만일 경우, 자녀의 약 80%가 비만이 될 가능성이 있다고 한다. 이는 유전적인 요인 이외에도 비만할 수 있는 환경, 식습관과 생활습관, 비만인 부모와 함께 생활하기 때문에 비롯된 것으로 생각하고 있어 유전과 함께 환경적 요인이 비만에 중요한 요인으로 작용하고 있음을 보여주고 있다. 그러므로 바른 식생활습관을 실천하고 적당한 운동을 생활화 하는 것이 비만을 예방하는데 중요하다.

(2) 정신적 요인

과다한 스트레스, 욕구불만, 고민, 슬픔 등에 의해 포만중추의 장애 현상이 나타나고 이로 인해 식욕이 왕성해지므로 비만현상이 나타난다.

(3) 에너지 대사 장애

갑상선, 뇌하수체 등의 내분비 기능의 장애나 경구 피임약, 부신피질 호르몬제, 여성호르몬제 등 약물의 부작용으로 시상하부 조절중추의 장애 또는 이상으로 포만중추의 이상에 따라 에너지 소비량보다 섭취량이 많아지는 경우이다. 또한 여러 가지 요인으로 체내에 흡수된 영양소들이 완전 소비되지 않고 체내 축적되는 것이 많을 경우도 이에 해당된다.

(4) 잘못된 생활습관

과식, 폭식, 야식, 운동부족 등 잘못된 생활습관은 지방을 합성하는 호르몬의 이상 분비를 유도하여 중성지방을 비정상적으로 체내에 축적시킨다.

3) 비만도 측정 방법

비만도의 판정은 표준체중에 의한 방법, 체질량지수에 의한 방법, 체지방(피하지방의 두께)에 의한 방법 등 여러 가지가 있으나, 이 방법들은 그 대상에 따라, 평가되는 목적에 따라 각각의 방법의 성질과 의미를 충분히 고려하여 목적에 적합한 방법으로 측정하는 것이 중요하다. 체지방량에 의한 비만은 남자가 체중의 약 25%이상, 여자가 체중의 약 35% 이상일 경우 비만으로 판정한다.

(1) 신체지수 측정법

신장과 체중을 실제로 측정하거나, 피하지방의 두께를 측정하는 등 신체의 지방조직을 간접적으로 측정하여 비만도를 판정하는 것이 일반적이다.

① 브로카 공식에 의한 표준체중 측정법

표준체중(kg) = [신장(cm)−100] × 0.9

표준체중의 10% 이상 초과하였을 때를 과체중, 20% 이상을 초과하였을 때를 비만이라고 한다. 그러나 통계학적으로 비만은 특정 나이와 성별에 있어서 체지방의 평균값을 5% 초과한 상태이다. 예를 들어 15% 체지방을 가진 젊은 남자는 20%가 비만의 경계선으로 보고 있으나, 중년 남자인 경우는 체지방 함량이 30%를 초과한 경우에 해당된다. 또한 여자의 경우 30세 미만의 여자는 체지방이 25% 초과하였을 때 비만이라고 보고, 30세 이후 여자의 경우 비만 경계선은 약 30%에서 본다.

② 실제체중과 표준체중의 비교 측정법

비만도 = [실제체중(kg)−표준체중(kg)]/표준체중(kg) × 100

표준체중의 10% 이내 정상이며, 10% 이상을 초과하면 과체중이라 하고, 20% 이상이면 비만이라고 한다.

③ 신체질량지수(BMI : Body Mass Index, Quetelet Index)

BMI = 체중(kg)/[신장(m)]^2

체질량지수는 성인에서 가장 많이 사용되는 비만 지표로서, 서양에서는 BMI가 25~29.9kg/m^2 이면 과체중이라 하고, 30kg/m^2 이상을 비만이라 정의하지만, 우리나라에서는 25~26kg/m^2 이상을 비만으로 규정하고 있다.

(2) 체지방 측정법

수중 체중법은 현재 체지방 측정 방법 중 기본적이고 정확한 방법으로 사용되고 있다. 이외에도 칼륨법이나 가스 확산법, DEXA법 등이 체지방을 정확하게 측정하는 방법으로 이용되고 있다.

① 수중 체중법

탈의 상태에서 물 밖에서의 체중과 물속에 완전히 전신이 잠긴 상태에서 체중을 측정하는 방법으로 먼저 폐 속의 공기를 완전히 내뿜어낸 시점에서 체중을 기록하며, 이때 장속에 남아 있는 공기량이나 폐잔기량을 계산하여 측정치를 보정한다.

② 피하지방 두께 측정법

캘리퍼(caliper)를 이용하여 상지의 이두박근과 삼두박근, 견갑골 하부, 장골릉 상부 등 4곳의 피하두께 또는 2곳의 피하두께를 측정하는 것으로 피하 지방의 정도를 측정하여 체지방의 정도를 측정하는 방법이다. 그러나 캘리퍼 사용시 측정자의 압력에 따라 측정치가 변할 수 있다는 점과 개인에 따라 신체 부위별 지방의 분포도가 다르고 균일하다는 단점이 있다.

③ 생체 전기 임피던스법

1969년 Hoffer에 의해 개발되었으며 신체에 미량의 전류를 전도시킬 때의 저항을 이용한 임피던스법은 체성분 분석 방법으로도 널리 이용되고 있다. 인체 내로 전기 신호를 흘려주면 전기는 전도성이 가장 높은 수분을 따라 흐르게 되며 수분량의 많고 적음에 따라 전기 흐름의 차이가 임피던스 측정치에 반영된다. 흘려주는 전기 신호의 주파수가 바뀌면 체내 침투 깊이가 달라지는 점을 이용하여 세포내액과 세포외액을 구별하여 측정할 수 있다. 체내 전기 전도도는 체내의 수분량과 비례하므로 지방조직은 수분함유량이 적어 조직 자체가 절연체로 작용하므로 전기를 흘려보낼 때 저항치가 높다. 그러므로 체수분량으로 체지방량을 측정할 수 있다.

4) 비만의 형태

① 전신 비만형

주로 젊은 층에 많으며 중년기, 노년기까지 연결된다.

② 상체 비만형

중년 이후 여성에게 주로 나타난다.

③ 복부 미만형

중년 이후 여성과 남성에게 많이 나타나며, 내장비만을 의심해 볼만하고 건강에 적신호를 나타내는 증상으로 보여진다.

④ 하체 비만형

순환기 장애로 인한 비만이 많아 주로 여성호르몬에 의한 비만 유형으로 우리나라에서 주로 보여지는 형이다.

5) 지방 세포의 변화

① 비대형(hypertropic obesity)

지방세포수는 정상이지만 크기가 증가하여 부풀어 있는 형으로 주로 성인들에게 발견된다.

② 증식형(hyperplastic obesity)

지방세포수가 증가하여 나타난 비만형이다. 주로 유전적 요인에 의한 비만에서 나타나고 최근 문제가 되고 있는 소아비만에서 관찰할 수 있다.

③ 혼합형(combination obesity)

지방세포수와 크기가 증가된 형태로 비만도가 심한 경우에 나타나며 전신성 비만 유형이다.

그림 5-1

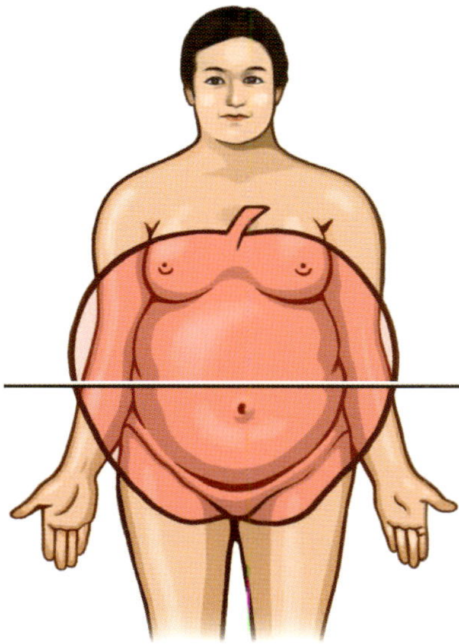

[남성형 비만]

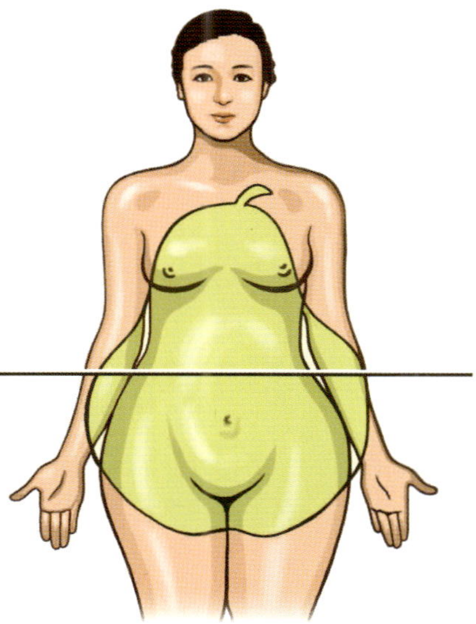

[여성형 비만]

02
셀룰라이트

1) 셀룰라이트 정의

셀룰라이트(cellulite)란 신체리듬의 불균형으로 야기된 특별한 형태의 지방으로서 지방세포가 물, 그리고 신체의 노폐물들과 결합하여 피하에 축적된 물질로서 주로 엉덩이, 허벅지에 형성된다. 셀룰라이트라는 용어는 20세기 초 프랑스에서 둔부 및 허벅지 부위의 둥근 형태로 된 윤곽(몸의 선)을 지칭하기 위해 처음으로 쓰여졌다.

셀룰라이트 부위는 울퉁불퉁하고, 거칠고, 오렌지 껍질과 같은 형태를 하고 있으며 혈관과 림프관을 압박하여 혈액순환과 림프순환을 악화시킨다.

1920년대에 알키에(alguier)와 파바(pava)는 국소적 유기체 물질대사의 변화와 세포 사이의 공간에 체액이 과도하게 정체되어 있는 지방질 세포조직이 염증성이 아닌 세포의 영양장애, 순환장애를 일으키며 나타나는 비만 증세의 일종으로 정의하였으며, 1970년대에 들어 셀룰라이트가 의학적 시각에서 고려되기 시작했다.

2) 셀룰라이트의 종류

(1) 플래비 셀룰라이트(flabby cellulite)

말랑말랑한 형태의 셀룰라이트로 많은 수분으로 특징되며 몸의 선이 둥글다. 작은 덩어리 뭉침과 움푹 파인 피부의 특성은 피부와 피부를 깊숙이 밀어보면 나타난다. 정맥류와 모세혈관 확장과 관계되어 있다.

(2) 에더마토오스 셀룰라이트(edematous cellulite)

부종이 있는 셀룰라이트로 플래비 셀룰라이트보다 더 많은 수분을 보유하고 있다.

(3) 콤팩트 셀룰라이트(compact cellulite)

셀룰라이트가 빽빽하게 자리 잡은 상태로서 민감한 사람보다 무감각한 사람들에게 자주 나타난다. 회복하기 어렵고 다른 신체 상태에 의해 변하지 않고 남겨진다. 튼살의 초기단계의 표시인 푸른빛을 띤 반점이 있을 수 있다. 더 발전되면 통증이나 감각과민을 유발할 수 있다.

(4) 파이브러스 셀룰라이트(fibrous cellulite)

섬유질의 셀룰라이트로서 셀룰라이트가 딱딱하게 굳어진 것이다. 셀룰라이트가 가장 악화된 상태로서 모세혈관으로부터 영양공급과 노폐물 배설이 원활하지 않아서 피부는 차고 거칠며 건조하다.

3) 셀룰라이트 원인

(1) 호르몬 불균형

셀룰라이트는 주로 여성에게 생기기 쉬운데 이것은 여성호르몬의 급격한 변화가 혈액과 체액의 순환에 악영향을 미치기 때문이다. 그래서 불균형적인 호르몬 분비가 일어나는 사춘기, 임신기, 폐경기, 월경 전, 피임약 복용 기간 중에 생기기 쉽다.

(2) 라이프스타일

앉아서 생활하는 시간이 많은 경우, 운동부족, 과도한 스트레스, 동물성 지방, 당분, 술, 담배의 지나친 섭취, 수분 부족 등은 셀룰라이트 형성을 가속화시키는 요인이다.

이 경우 소화 장애, 변비, 혈액 순환장애가 생기기 쉬워 정상적인 노폐물 배출이 이루어지지 않고 노폐물과 독소가 진피 내부에 쌓이면 지방세포와 결합해서 셀룰라이트를 만들어낸다. 또 꽉 끼는 옷이나 하이힐도 부분적인 순환장애를 일으킬 수 있다.

(3) 노화

우리몸에는 림프액이 흐르는 림프관이 온 몸에 거미줄처럼 퍼져 있어서 몸 구석구석에서 만들어진 노폐물들을 혈액으로 보내 처리하도록 한다. 그런데 나이가 들어갈수록 림프관이 없어지거나 림프액의 순환이 잘 되지 않아 수분과 노폐물이 쌓이게 된다. 피부가 푸석푸석해지고 몸이 붓는 것도 이 때문이며, 거대해진 지방세포와 결합해서 셀룰라이트를 형성한다.

(4) 생리적 피부구조

남성의 피부조직은 두껍고 치밀하게 구성되어 있어 피부 아래의 지방세포층이 올라오지 못하도록 확실하게 막아준다. 그렇지만 여성의 피부조직은 치밀하게 결합되어 있지 못해 지방층을 잘 누르지 못할 뿐만 아니라 두껍고 벌집 모양으로 되어 있어 셀룰라이트가 형성되면 피부를 밀고 올라와 울퉁불퉁하게 된다. 특히 지방세포가 몰려있는 허벅지, 엉덩이, 아랫배 등은 셀룰라이트의 주요 공격대상이다.

(5) 기타

① 유해산소는 혈관손상을 초래하여 셀룰라이트 형성을 촉진한다.
② 기름지고 단 음식의 과다 섭취는 셀룰라이트 형성을 촉진한다.
③ 지방대사와 관련된 신경전달물질이 특히 엉덩이, 허벅지 부위에 집중되어 있다.
④ 스트레스는 유해산소를 많이 발생시켜 셀룰라이트 형성을 가중시킨다.

4) 셀룰라이트 특징

① 체액의 흐름이 원활하지 않아 정체현상을 보인다.
② 순환장애로 체내 독성물질이 축적된다.
③ 피부온도가 낮다.
④ 영양공급과 노폐물 배설작용이 저하되어 피부상태가 거칠고 건조하다.
⑤ 피부표면이 울퉁불퉁 하다.
⑥ 그 주위를 압박하면 통증이 심하다.

5) 셀룰라이트의 형성단계

① 지방세포의 크기 변화
② 혈액 및 림프순환의 변화
③ 섬유증 발생
④ 부종발생
⑤ 피부표면의 변화(orange peel)

6) 관리방법

① 식이요법

지방과 당분의 섭취를 줄이고 자극성이 강한 음식은 피한다. 커피, 콜라, 알코올 섭취를 줄이고 물을 많이 섭취하도록 한다.

② 운동

가벼운 운동으로 신체의 혈액순환과 림프순환을 촉진시킨다.

③ 휴식

긴장을 풀고 충분한 수면을 취하므로 정신적 스트레스를 이완시켜 체내 노폐물 배설을 촉진시킨다.

④ 마사지

손과 기구를 이용하여 셀룰라이트 분해 효과가 있는 아로마 오일이나 제품을 병행하여 관리함으로써 지방분해를 촉진하고 림프순환을 촉진시켜 셀룰라이트를 효과적으로 개선시킨다. 또한 피부관리를 받는 동안 부교감신경이 활성화되어 정신적 스트레스를 감소시키는 효과가 있어 셀룰라이트 관리에 매우 효과적인 방법이다.

03 터모그래피

터모그래피(thermography)는 피하지방의 상태와 부종지방, 셀룰라이트 결절 등의 변화를 영상자료로 측정할 수 있는 기기이다.

1) 원리

신체의 온도를 여러 가지 색상으로 나타내는 방법이다. 특히 미세순환계의 매우 작은 변화, 즉 피부온드의 변화를 측정하므로 셀룰라이트 초기단계에서 측정이 가능하고 예방관리 또한 가능하다.

2) 특징

인체에 무해하고 초기 단계의 셀룰라이트도 측정이 가능하므로 셀룰라이트 예방관리가 가능하다. 또한 고객이 직접 셀룰라이트 부위를 확인할 수 있으므로, 셀룰라이트 개선과 관련된 관리프로그램의 효과를 직접 눈으로 확인할 수 있다.

3) 실시방법

① 실내온도가 20~24℃ 내외로 안정된 상태가 되도록 한다.

② 고객은 흡연하지 않은 상태로 누워서 10분간 휴식을 취한다. 흡연은 혈관 수축의 원인이 되므로 필히 금한다.

③ 테스트할 피부 주위를 깨끗하게 한 후 건조시킨다.

④ 균일한 압력으로 판을 접촉시켜 색상이 안정될 때까지 기다렸다가 판독한다.

⑤ 추후 테스트에서 동일한 방법으로 실시하기 위해 검사 도중 판의 배치를 잘 기록한다.

⑥ 터모그래피 사용은 셀룰라이트 관리 전에 측정한다. 관리 후 측정은 신체 온도변화를 일으켜 정확한 판독을 불가능하게 할 수 있기 때문이다.

그림 5-2 터모그래피

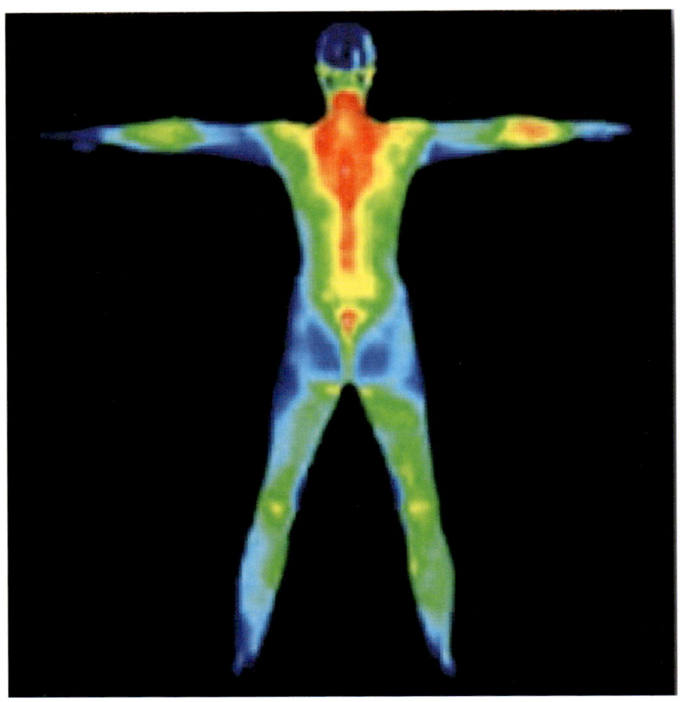

04
엔더몰로지 기기

최근 셀룰라이트 관리에 주로 사용되는 엔더몰로지(endermology) 기기는 Louis Paul Guatay에 의해 재활치료용으로 개발되었으나, 비만으로 인한 셀룰라이트(cellulite) 제거와 국소부위의 크기 감소에 탁월한 효과를 발견하게 되면서 비만으로 인한 피부의 결합조직내 병변을 치료한다는 의미로 '엔더몰로지'란 이름을 얻게 되었다.

1) 원리

진공펌프(vacuum pump)에서 나오는 음압이 볼과 롤러를 통해 피부의 결합조직에 인위적 물리 자극(근육의 수축, 이완, 압밥, 당김)을 줌으로써 조직이 화학적, 구조적으로 변화하여 셀룰라이트와 지방을 효과적으로 파괴한다. 롤러의 감압으로 느슨해진 조직에 정체물 등이 제거되므로 조직이 탄탄한 구조로 재구성 되고, 지속적인 근육과 근막을 자극함으로써 신경을 자극 이완시켜 준다. 신체는 중력의 영향으로 처지는 성질이 있는데 이를 방지하기 위하여 롤러를 이용, 중력에 대항하여 피부를 리프팅한다.

2) 효과

① 리프팅

② 지방분해

③ 탄력강화

④ 크기 감소(전신, 부분관리)

⑤ 부종 개선

⑥ 혈액순환 촉진

⑦ 노폐물 배설 촉진

⑧ 근육강화

3) 적용범위

① 조직의 활동(tissue action)

② 혈액 및 림프순환(circulations)

③ 신경계 작용(neuro-sensorial action)

4) 기기명판 설명

① 액정화면 : 최초 부팅화면

② 프로그램 버튼은 6종 프로그램 및 1종 수동 모드를 선택할 때 사용한다.

③ on-off 버튼은 프로그램 시작 및 종료시 누른다.

④ 노브(knob)는 각 채널 압의 강도를 조절하는 손잡이이며 시계방향으로 회전 시 압이 증가한다.

5) 사용전 준비사항

① 전원 전압, 전원입력이 바르게 공급되는 콘센트인지 확인한다.

② 전동베드 사용시 높이를 시술자의 허리선에 맞춘다.

③ 아로마 오일을 시술 부위에 도포한다.

6) 자동세팅 프로그램 사용 순서

① 전원 콘센트에 전원 코드선을 꽂는다.

② 본체 뒷면의 메인스위치를 켠다.

③ 적용부위에 적절한 액세서리(Ball Type, Roll Type)를 연결한다.

④ Press and Key가 깜박거리면 프로그램 버튼 하나를 누른다.

⑤ 관리하는 목적에 맞춰 프로그램을 선택한다.

⑥ on-off 버튼을 눌러 프로그램을 실행한다.

⑦ 압력 조절 노브를 돌려 적절한 강도를 설정한 후 사용한다.

⑧ 프로그램에 따라 시술 한다.

⑨ 프로그램이 종료되면 기기 뒷면의 메인 스위치를 끈다.

7) 금기사항

심한 혈액순환 장애자, 외상을 가진 자, 세균 감염된 부위, 혈전증, 심한 정맥류, 고혈압, 임산부, 감염성 피부질환, 선탠이나 피부자극을 받은 상태, 사용시 피부가 필요이상 붉어지거나 따가움을 느끼는 경우는 사용을 금하고 이외에도 의사의 별도 지시가 있는 경우는 사용을 금한다.

8) 사용시 주의사항

① 전기적 사양에 명시된 전원을 사용한다.
② 시술중(프로그램을 작동하는 중간) 메인파워를 끄지 않는다.
③ 프로그램이 종료된 후 메인파워를 off한다.
④ 아로마 오일은 최소한의 양을 사용하며 피부에 흡수된 이후에 시술한다.
⑤ 기기의 액세서리 사용시 연결선이 꺾이지 않도록 주의한다.
⑥ 감압 조절 손잡이를 필요이상 힘을 주어 돌리지 않는다.
⑦ 시술 후 액세서리는 세척하고 물기를 제거한 후 실행한다.
⑧ 시술전에 고객의 피부강도를 테스트한 후 실행한다.
프로그램을 작동한 후 피부에 10초 동안 흡입한 후 피부의 붉어짐을 보고 피부강도를 테스트한다.

그림 5-3 엔더몰로지 기기

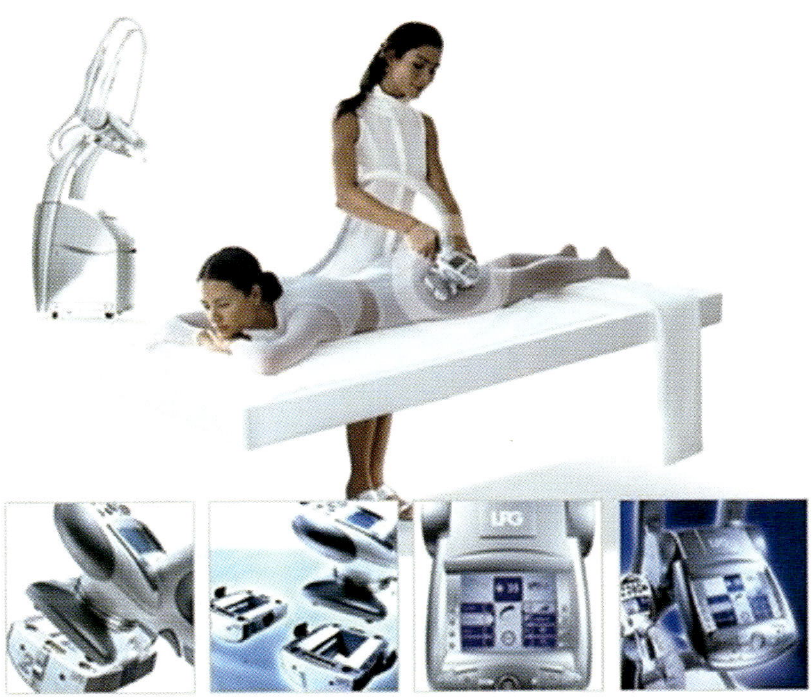

그림 5-4 엔더몰로지 시술

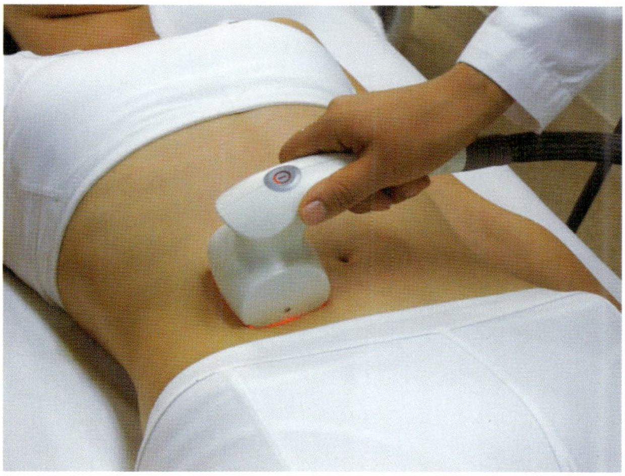

엔더몰러지 복부 시술

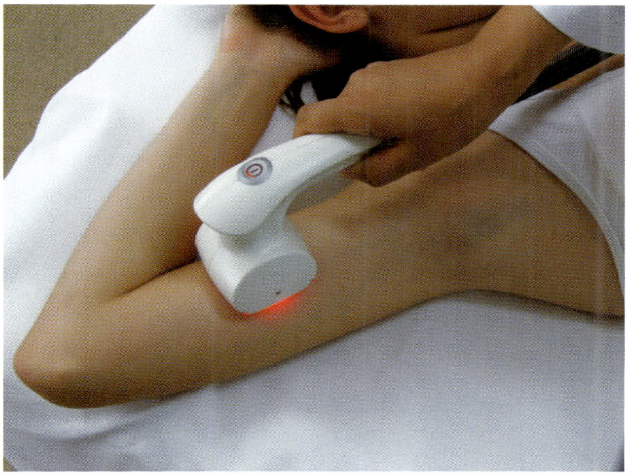

엔더몰러지 팔부분 시술

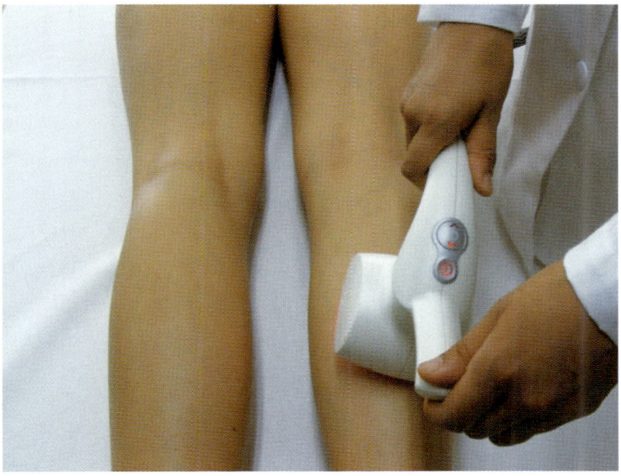

엔더몰러지 다리부분 시술

05
스파 테라피

1) 스파 테라피(spa therapy)의 정의

물의 다양한 물리·화학적 성질을 이용하여 신체에 외적, 내적으로 적용함으로써 건강 증진과 피부미용적 효과를 증진시키는 요법이다. 욕조의 바닥과 벽면에서 고압의 공기를 분사시켜 신체의 여러 부위를 자극하는 수압 마사지 욕조나 스파 장비에서 뿜어 나오는 물줄기가 피부에 지압효과를 주고 강약 조절에 따라 물 분사구를 통해 나오는 수많은 기포에 의하여 마사지의 효과가 있어 혈액순환을 자극한다.

2) 효과

① 혈액순환 촉진
② 노폐물 배출
③ 신진대사량 증가
④ 지방분해
⑤ 비만관리, 셀룰라이트 관리
⑥ 부종 완화
⑦ 근육, 신경의 이완
⑧ 원기회복
⑨ 스트레스 해소
⑩ 신체적, 정신적, 심리적 안정
⑪ 경련 및 통증완화

3) 메디컬 스파

일반적 스파시설에 유수진동 저주파가 발생되는 부가적 기능을 첨가하여 통증완화, 비만체형관리, 체지방 및 내장지방 감소 등 주로 치료목적으로 개발된 스파 기기이다.

(1) 원리

진동파에 의해 물의 수압이 수심 6m에 해당하는 1.6기압까지 상승하게 되고 다단진동판에 전달된 에너지가 수압과 마찰되어 3차원의 난류와 진동 에너지를 발생한다. 이때 발생된 에너지를 유수진동 저주파라 하고 효과적으로 온욕에 적용할 수 있는 주파수 40~60Hz는 인체치료에 가장 적합하다. 또한 유수진동 저주파에 의해 지속적으로 환류작용이 발생하여 내부의 물은 충분한 용존산소량을 유지함으로써 지속하여 충분한 양의 산소를 인체에 끊임없이 공급한다. 이러한 유수진동 저주파가 온수의 열에너지를 동반하여 전신 피부조직을 통과하면서 체내 깊숙이 진동 에너지를 전달하면 자율신경계 조직은 혈액순환을 촉진하도록 하여 심장 펌핑기능이 강화되고 혈액순환이 평소보다 크게 되므로 에너지 소비량이 높아진다. 그러므로 체내에 과잉으로 축적된 지방에너지를 소모하게 되어 체지방 및 내장지방이 크게 감소된다.

(2) 적용범위

① 전신비만
② 근골격계 질환
③ 출산 후 비만
④ 성형수술 후 통증 및 부종
⑤ 스트레스 해소
⑥ 신진대사 저하
⑦ 혈액순환 장애
⑧ 외상 및 화상치료
⑨ 생리통, 근육통, 습관성 두통, 기타 신경성 통증 관리
⑩ 불규칙한 생리
⑪ 소화불량 및 변비
⑫ 특정 질환과 관련 없는 부종으로 인한 체중증가

06 저주파 기기

저주파 기기는 저주파 전류(1~1,000Hz 이하)를 근육에 전기자극을 가하여 근육을 운동시켜 지방을 에너지로 생성, 발산하게 하는 원리를 이용하는 것이다.

1) 원리

① 근육운동을 시켜주는 파라딕(faradic)주파에 사다리꼴 형태의 주파웨이브를 이용하여 근육을 수축운동(contraction)과 비틀림 운동(twist)을 함께 병행하게 하여 최대한 근육운동을 할 수 있게 하여 단시간 내 관리를 통하여 효과적인 에너지 발산을 통하여 크기 변화를 유도하는 기기이다.

② 근육이 수축과 이완을 통해 에너지가 발산되는 아이소토닉(isotonic)운동을 원리로 개발된 기기이다.

③ 전기자극에 의해 자극된 말초신경계는 근육을 수축과 비틀림 운동을 통하여 운동에 필요한 에너지를 충당하기 위하여 최대한 에너지를 생성, 발산하여 소비하게 된다.

④ 근육의 수축, 이완과 함께 비틀리는 효과에 의해 에너지 발산뿐만 아니라 조직의 체액과 노폐물의 순환을 촉진하여 인체 내의 불필요한 수분과 노폐물이 순환계를 통하여 신장으로 배출되는 신체정화 기능을 증진시킨다.

2) 특징

① 단시간내 최대한 운동효과를 통하여 즉각적인 비만관리 효과를 기대할 수 있다.
② 자연적인 체중감소로 건강에 무리를 주지 않는다.
③ 최대한의 지방연소로 비만관리와 동시에 탄력증진 효과로 탄력관리 병행이 가능하다.
④ 체지방감소와 국소부위의 크기 감소 효과를 얻을 수 있다.
⑤ 식욕을 유발하지 않아 에너지 방출 후 과식을 예방할 수 있다.
⑥ 슬리밍과 퍼밍효과를 볼 수 있다.
⑦ 불필요한 수분과 노폐물 배출효과로 신체정화 효과가 탁월하다.

3) 효과적인 사용방법

① 고객마다 비만의 원인이 다르기 때문에 고객과의 충분한 상담을 통하여 비만의 원인을 파악하여야 하며, 상담을 통하여 파악된 사항들을 고객 기록카드에 기록하여 고객의 요구도를 충족할 수 있는 맞춤 관리를 선택한다.
② 전신 비만인 경우 가장 문제가 되는 부위부터 관리를 시작한다.
③ 전신 비만이고 과체중인 경우는 식이요법을 병행하여 관리한다.
④ 하루에 약 1.5리터 이상의 물을 마시도록 한다.
⑤ 원활한 신진대사 활동을 위하여 비만관리 전후에 한컵의 물을 마시도록 한다.
⑥ 피부조직에 탄력이 없어 심하게 늘어진 경우에는 먼저 600Hz로 관리한 후 400Hz로 관리한다.
⑦ 관리의 효과는 근육이 적절히 자극받고 수축해야만 나타난다. 근육이 충분

히 수축하지 않거나 스펀지와 전선의 위치가 올바르지 않으면 효과를 기대할 수 없다.

⑧ 기기를 켜기 전에 벨트의 장력과 스펀지와 전선의 위치를 반드시 확인해야 한다.

⑨ 스펀지 장치 후 허벅지 사이에는 젖은 스펀지가 서로 닿지 않도록 마른 수건을 끼운다.

⑩ 초기관리에는 우선 간단하고 쉬운 레이아웃부터 시작한다. 고객이 전기자극에 익숙해지도록 모든 관리부위에 대해 자극의 강도를 서서히 높여준다.

⑪ 관리를 받는 동안 고객이 긴장을 풀고 편안한 마음으로 관리를 받을 수 있도록 충분히 유도한다. 기기의 작동원리와 관리의 결과를 잘 설명하고 무엇보다 관리가 안전하다는 것을 확신시켜 주어야 한다.

⑫ 관리는 적어도 일주일에 두세 번은 받도록 한다. 항상 관리 후에는 하루나 이틀 정도의 휴식 시간을 가지도록 하며 적정한 관리횟수는 일주일에 3회 정도이다.

⑬ 하루에 두 번, 또는 한거번에 두 부위 이상 관리할 수 없다.

⑭ 비만관리와 림프관리는 동일한 날에 병행 관리할 수 없다. 이는 신장에 무리를 초래할 수 있기 때문이다.

⑮ 관리는 15분을 초과하지 말아야 하며, 기기 준비시간 2~5분을 포함하여 총 관리시간이 17~20분이 되도록 한다.

⑯ 전신비만일 경우 신체 정면과 뒷면을 동시에 관리하지 않도록 한다. 고객이 원하는 부위를 먼저 관리하거나, 비만이 가장 심한 부위부터 관리한다.

⑰ 한 관리 부위에 적어도 10회 이상 관리를 해야만 만족스러운 결과를 얻을 수 있다. 일단 한부위에서 만족스러운 효과를 얻은 뒤에 다른 부위로 진행하도록 한다.

⑱ 신체의 정면과 뒷면의 동시 관리는 미용에 큰 영향을 미치지 않는 아랫배, 허벅지, 둔부 등에만 사용하는 것이 좋다.

⑲ 전신 비만인 경우 전신관리 프로그램보다 부위별로 관리가 끝난 후에 관리하여 주는 것이 효과적이다.

⑳ 정기적 관리의 중요성을 설명하여 효과적 관리를 유도한다.

4) 관리가 불가능한 경우

① 인공심장박동기 또는 인공심장기를 사용하고 있는 경우

② 관리부위나 주변부위의 체내의 금속 삽입물을 가진 경우

③ 임산부나 임신의 가능성이 있는 경우은 안면관리만 가능하다.

④ 루프사용자는 임신가능성의 여부로 복부관리를 금한다.

⑤ 피부질환이나 상처가 있는 경우

⑥ 관리하려는 부위에 실리콘이나 기타 삽입물을 가진 경우

⑦ 심장병을 앓았던 경험이 있거나 현재 심장병을 앓고 있는 경우

⑧ 신장병을 심하게 앓고 있어 계속해서 신장약을 복용하고 있는 경우

⑨ 자궁 내 물혹이나 자궁근종이 있는 경우

⑩ 신체 허약자

⑪ 만 20세 미만의 전체 성장 미발육자의 경우

⑫ 출산 후 첫 생리 후에 시작하고, 모유수유 시 가슴 관리는 삼간다.

5) 주의사항

① 반드시 근육점을 정확히 잡아주어야 한다.

② 집중관리 시 격일제로 관리하여야 한다.

③ 림프순환의 문제를 안고 있는 고객에게는 먼저 순환의 문제를 해결하고 비만관리를 해야 한다.

④ 스펀지에 물이 많으면 관리시 통증을 유발할 수 있으므로 물을 많이 적시지 않도록 한다.

⑤ 관리 전 후 30분은 식사를 하지 않도록 한다. 가장 좋은 시간은 공복시에 비만관리를 하는 것이다. 공복 시 비만관리는 혈중 지방의 농도를 가장 많이 연소시킬 수 있기 때문이다.

⑥ 관리 시 고객과 관리자는 몸에 지니고 있는 모든 액세서리를 부착하지 않도록 유의하여야 한다.

⑦ 슬리밍 제품을 사용하고자 할 때에는 반드시 관리가 끝난 후에 사용한다.

⑧ 관리 시 전기의 자극으로부터 고객이 긴장하지 않도록 초기관리시에 고객에게 안정성에 관한 충분한 설명과 함께 고객이 편안하고 즐거운 마음으로 관리를 받도록 최대한의 배려를 하여야 한다.

6) 관리 및 작동법

(1) 관리에 사용되는 주파수

관리에 사용되는 주파수는 400Hz 또는 600Hz 중에서 요구하는 관리 효과에 따라 선택한다.

① 400Hz : 슬리밍을 더 필요로 하는 경우에 사용된다.
80% 슬리밍 효과, 20% 퍼밍 효과(교차배열)
70% 슬리밍 효과, 30% 퍼밍 효과(대칭배열)

② 600Hz : 주로 출산 후 탄력을 잃어버린 고객이나 40대의 중년주부들의 경우 점차 근육조직의 탄력이 저하된 경우에 몸에 탄력과 함께 비만을 관리하는데 사용한다.
50% 슬리밍 효과, 50% 퍼밍 효과(대칭배열)

(2) 저주파 기기의 단면도

① on/off 스위치 : 기기를 켜는 스위치
② Time Selector : 작동시간을 세팅하는 스위치
③ Time Action-START- : 작동 시작 버튼
④ Time Action-STOP- : 작동 정지 버튼
⑤ Timer : 작동 시간을 알려주는 표시
⑥ OUTPUT VOLT. : 주파의 세기를 나타내주는 표시
⑦ Channel Selector : 각 채널의 세기와 작동을 알고자 사용하는 스위치

⑧ Frequency Pause : 항상 중간에 위치하며 1:2의 비율로 자극이 가해짐과 휴식시간을 세팅하는 버튼

⑨ Frequency Selector : Hz의 크기를 결정하는 버튼

⑩ Channel output : 각 채널을 연결하는 단자

⑪ Knobs : 각 채널의 세기를 조정하는 스위치

⑫ Indictor Light : 작동 시 주파가 전달되고 있는지 알려주는 표시

7) 기기의 작동법

① 깨끗이 세탁된 스펀지를 따뜻한 물에 적신다.

② 적셔진 스펀지에 금속판을 끼워 놓는다.

③ 두 겹의 스펀지 부분이 신체에 접촉되도록 장치하여야 한다.

④ 각 스펀지를 고무밴드로 잘 고정시켜 고무밴드가 작동시에 움직이지 않게 고정시켜 준다.

⑤ 전원의 상태가 220V인지 확인한다.

⑥ 작동 전에 모든 스위치가 꺼져 있는 상태인지 확인한다.

⑦ 전압계의 6개 손잡이가 모두 '0'을 가리키고 있는지 확인한다.

⑧ 가장 왼편의 1번 선부터 6번 선까지 집게를 프로그램에 맞추어 판에 연결시킨다.

⑨ on-off 버튼을 누른다.

⑩ 관리시간의 타이머를 17분으로 맞춰 놓는다.
이는 15분간의 관리와 근육운동 준비를 위한 2분을 포함하는 것이다.

⑪ 주파수를 400Hz 또는 600Hz 중 고객의 상태에 맞게 선택한다.
일반적인 근육조직을 지니고 있는 고객에게는 400Hz를 사용하며, 살이 많이 처졌거나 나이가 많은 고객에게는 600Hz를 사용한다.

⑫ Frequency Pause 손잡이를 중간 위치에 맞추어 놓는다. 이것은 근육운동 시간의 1.5배에 해당하는 휴식시간을 주기 위한 것으로 이 배합은 슬리밍과 퍼밍의 관리에 모두 가장 적절한 조건이다.

⑬ 스타트 버튼을 눌러 관리를 시작한다.

⑭ 전류흐름을 조절하기 위해 손잡이를 조심스럽게 천천히 돌려 고객의 근육 움직임을 주시하면서 원하는 근육수축에 이르게 한다. 너무 빨리 주파수를 높이면 경고음이 울리게되며 고객이 통증을 느낄 수도 있다.

⑮ 조절 손잡이는 한 번에 두 개씩 돌려준다. 관리 도중 항상 함께 조절해야 한다. 대개 근육수축을 적절히 조절하는데 소요시간은 2~3분 정도이고 관리를 받는 고객들은 관리부위에 따라 사람마다 다른 반응을 보인다. 전선이 연결된 부위를 확인하고 손잡이를 돌려가면서 각각의 작동을 증감시켜 마지막으로 근육수축을 명확히 확인하고 통증이 없고 기기부분이 쾌적해야 한다. 근육의 움직임을 잘 관찰하여 보다 좋은 효과를 가져올 수 있도록 한다.
17분 관리가 끝나면 기기는 자동적으로 꺼지게 된다.
작동이 꺼지면 먼저 on-off 스위치를 내려 준다.
조절 손잡이를 돌려 모든 circle의 스위치를 모두 '0'의 상태로 돌린다.
집게 왼쪽의 버튼을 눌러 스펀지에서 떼어 놓는다.
수건과 스펀지, 고무벨트를 제거한다.

⑯ 연결선을 잘 정리하여 가지런히 놓는다.

8) 기기의 올바른 유지관리 방법

① 스펀지는 따뜻한 수돗물에 적시어 사용한다.

② 증류수는 이온화되지 않아 전류가 흐르지 않는 경우가 발생한다,

③ 스펀지는 정기적으로 최소 30분 동안 자외선 살균을 해주어야 한다.

④ 스펀지는 반드시 비만관리가 끝난 후 깨끗이 비눗물에 세탁한다.

⑤ 관리를 받고 있는 사람이나 기기에 금속성 물체를 접속시켜서는 안된다.

⑥ 고무밴드는 알코올솜으로 닦은 후 파우더를 발라 서로 엉켜 붙는 일이 없도록 한다.

⑦ 열원체(라디에이터, 난로 등)와 증기를 내는 물체를 기기 가까이 두지 않는다.

⑧ 기기를 움직일 때 플러그 연결 여부와 스위치 on-off 상태 여부를 면밀히 살펴 주의한다.

⑨ 스위치를 켰는데도 작동되지 않으면 기기 뒷면의 퓨즈를 체크한다.

⑩ 모든 전선과 케이블이 플러그와 집게에 잘 연결되어 있는지 정기적으로 검사한다.

⑪ 본선이 플러그에 꽂혀 있는지 정기적으로 검사한다.

그림 5-5 저주파 기기

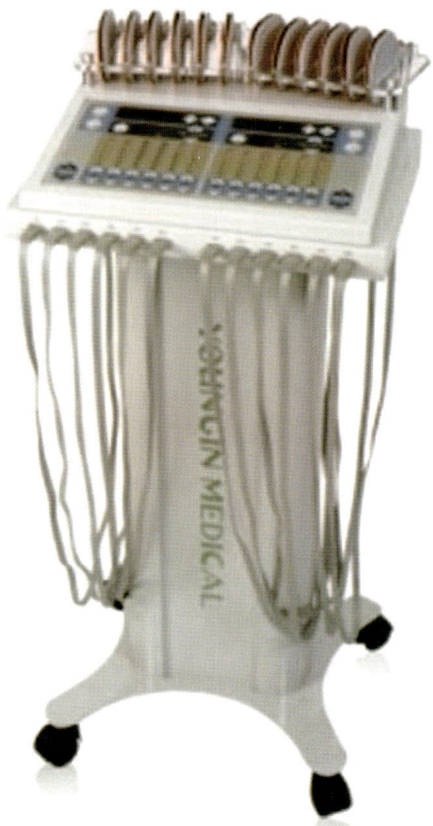

07
중주파 기기

중주파 기기는 중주파 전류(1,000~10,000Hz 교류전류)를 이용하는 기기로 4,000Hz와 4,100Hz의 중주파의 간섭현상으로 1~100Hz 사이의 간섭전류를 유발하여 심부조직에 대한 저주파 기기 사용시 근육수축으로 오는 통증의 한계성을 배제한 기기이다.

1) 원리

① 전류의 진폭을 변조시킨 진폭 변조 중주파를 이용하여 지방층을 자극함으로 지방이 효과적으로 분해되는 기기이다.

② 활발한 지방분해로 신진대사 작용이 촉진되어 신체에 있는 자연에너지 요소가 활성화 된다.

③ 자극전류에 의해 근육은 혈액에서 용해되는 에너지 공급물질을 이용하여 근육활동을 하므로 휴식기간 중에도 근육자극에 의해 근육펌프로 인한 조직액이 제거되어 에너지 소비가 증가하여 체중과 신체크기가 감소한다.

④ 교감신경을 자극하므로 국소부위의 지방이 분해되고 에너지 소비가 증가하여 체중이 감소되고 림프와 혈액순환의 강화로 불필요한 조직액이 감소되어 신체의 부피가 감소한다.

2) 효과

① 근육을 자극하여 지구력 강화와 이완에 효과적이다.
② 혈관의 수축, 확장을 촉진시켜 혈액순환 및 림프액 수송에 영향을 주어 불필요한 조직액과 노폐물을 배출시킨다.
③ 부종관리에 효과적이다.
④ 신진대사를 활성화시킨다.
⑤ 재생활동을 촉진시킨다.
⑥ 지방대사를 활성화, 분해를 촉진시킨다.

3) 특징

① 피부의 전기저항이 낮아 피부통증, 자극, 불쾌감이 없다.
② 근육에 전류가 이미 침투한 상태에서 동작이 일어나기 때문에 감각이 부드럽다.
③ 특정한 부위, 깊이, 넓은 부위를 효과적으로 관리가 가능하다.
④ 운동신경 및 근육을 직접 자극하여 근수축과 이완작용을 하며 근수축으로 인한 펌프작용이 증진됨에 따라 혈류 및 림프순환이 증진되어 부종과 염증을 완화한다.

4) 효과적인 메커니즘

① 반복되는 재분극화

② 혈관수축 및 확장의 원인이 되는 신경섬유 자극

③ 신진대사를 촉진하는 세포 내외의 공간 사이에서의 확산과 교환을 촉진

④ 세포 변화를 통해 재생 과정의 부분이 되는 세포의 지속적인 탈분극화

⑤ 지속적인 생리학적 근수축 발생

5) 사용목적

① 비만·체형 관리

② 셀룰라이트 관리

③ 슬리밍

④ 릴랙스

⑤ 퓨리파잉(정화)

⑥ 영양물질 침투

⑦ 보디 스타일링

6) 작동 방법

① 비스코스 커버는 물에 담가 적신 다음 물이 흐르지 않을 정도로 적당히 꼭 짠다. 주의할 점은 스프레이를 이용하여 적시지 않도록 한다.

② 기기 본체에 케이블을 연결한다.

③ 고무패드에 비스코스 커버를 사용할 만큼 끼운 다음 케이블에 연결한다.

④ 스위치를 누르기 전에 A, B 채널의 두 회전 손잡이를 '0'으로 세팅한다. 전원 스위치를 누른다. 메인 스위치를 누름으로써 전원이 켜지게 되고 메인 스위치 위의 초록색 LED 불빛이 들어온다. 테스트를 위해 스위치를 켜게 되면 몇 초간 시그널이 울리게 됨과 환영 메시지가 LCD 위에 나타난다.

⑤ 관리하고자 하는 부위에 준비된 고무패드를 붙이고 고정테이프를 감아준다. 얼굴의 경우 프로그램에 맞는 액세서리를 준비한다. 고무패드의 설치 방향은 코드의 연결잭이 없는 면이 마주보게 설치한다. 고무패드 상호간에 접촉되지 않도록 하고, 특히 비스코스 커버에서 물기가 흐르지 않도록 한다. 고무패드는 관절이나 뼈에 직접 전류가 작용하지 않도록 약간 간격을 둔다.

⑥ LCD는 두 가지 필드로 나뉘는데 왼쪽은 채널 A부분이고 오른쪽은 채널 B 부분이다. 전류 라인은 물결 모양으로 반짝거리고, 포인터는 위쪽 버튼으로 위로 올릴 수 있고 아래쪽 버튼으로는 아래로 움직일 수 있다.

⑦ 환영 메시지가 나타난 다음 위쪽 버튼을 눌러 'Basic setting'이라는 메시지가 나올 때까지 길게 눌러 사용언어와 명암대비를 기본 세팅을 한다. ⑥ 회전손잡이를 돌려 채널 A 또는 B를 선택한다. 프로그램을 선택하는 기준은 고객의 체지방 형태를 확인하고 관리의 목적에 따라서 선택한다. 엔트리 키(포인터 키)를 움직여 내려 'Tr.Area'를 정한 후 회전 손잡이로 프로그램을 선택한다.

⑧ 엔트리 키로 강도를 지정한 후, 회전 손잡이를 시계 방향으로 0에서부터 돌리면서 원하는 강도가 될 때까지 강도를 높여 주며 선택된 강도는 디스플레이 위에 나타난다. 강도의 조정은 천천히 올려야 하며 고객에게 느낌을 확인하고 전류가 작용하는 부위의 근육의 움직임을 육안으로 확인한다. 강도의 조정에 소요되는 시간을 1분 이내로 한다. 강도의 설정이 완료된 이후에는 관리가 끝날 때까지 강도의 변경을 되도록 하지 않는다.

⑨ 각각 채널의 트리트먼트는 회전 손잡이로 강도를 0에서부터 높여가면서 시작된다. 트리트먼트가 시작되면 디스플레이 아랫부분에 사인 곡선 모양이 이중으로 나타나고 이 표시는트리트먼트가 종료되면 사라진다.

⑩ 관리가 완료되었을 때(디스플레이 상, 0분으로 표시) 채널의 강도가 자동적으로 천천히 0으로 떨어지면서 10회의 신호음이 울린다. 이러한 펄스는 강도 손잡이를 다시 0으로 맞추어 줌으로써 스위치가 꺼지게 된다.

⑪ 기기 스스로 에러 발생여부를 체크하기 위해 끊임없이 점검한다. 만일 채널 A, B 모두 에러가 발생하면, 자동적으로 기기는 꺼지게 된다. 디스플레이 상에 원인에 따라 'Error 6'에서 'Error 10'까지의 메시지가 신호음과 함께 나타난다.

7) 금지사항

① 혈전성 정맥염
② 인공심장박동기 착용자
③ 보철은 자극 전류장에 포함되지 않을 수 있음
④ 경직(Tetany)
⑤ 고열이 있는 일반 질환
⑥ 박테리아 및 바이러스 감염에 의한 급성, 국소적 염증이 진행과정에 있는 경우, 봉소염, 단순포진, 급성 대상포진 등
⑦ 전기 도자가 부착될 부위의 피부 손상
⑧ 민감성 질환으로 아주 세심하게 투약하고 있는 경우
⑨ 목, 앞, 옆부분 위에 사용불가
⑩ 임신중에는 자궁 쪽이 전류장 안에 포함되지 않아야 함
⑪ 고주파 기기와 동시에 사용할 경우, 도자 아랫부분에 화상이 나타날 수 있으므로 병행사용은 피한다.

8) 보관방법

① 연 1회 점검을 한다.
② 불이 켜지지 않을 경우, 스위치를 끄고 메인 소켓에서 메인 플러그를 뽑은 뒤, 퓨즈를 체크해 보고, 필요시 교체하도록 한다. 퓨즈를 교체한 후에도 불이 들어오지 않거나 다른 이상이 발생할 경우, 스위치를 끄고, 메인 소켓에서 플러그를 뽑은 후 본사로 알리고 A/S를 받도록 한다.
③ 기기가 더러워졌을 때에는 젖은 헝겊으로 닦아 준다. 더러움이 심할 경우 농도가 약한 비눗물로 닦아준다.
④ 고무 도자 위에 비스코스 커버는 트리트먼트 전에 흐르는 물에 깨끗이 씻어둔다. 자주 사용할 경우, 가끔씩 삶아준다. 또한 장시간 젖은 채로 두지 않도록 하고 사용하지 않을 경우 완전히 건조시켜 보관한다.
⑤ 도자와 전극 표면은 반드시 정기적으로 흐르는 물에 씻어준다.

그림 5-6 중주파 기기 시술

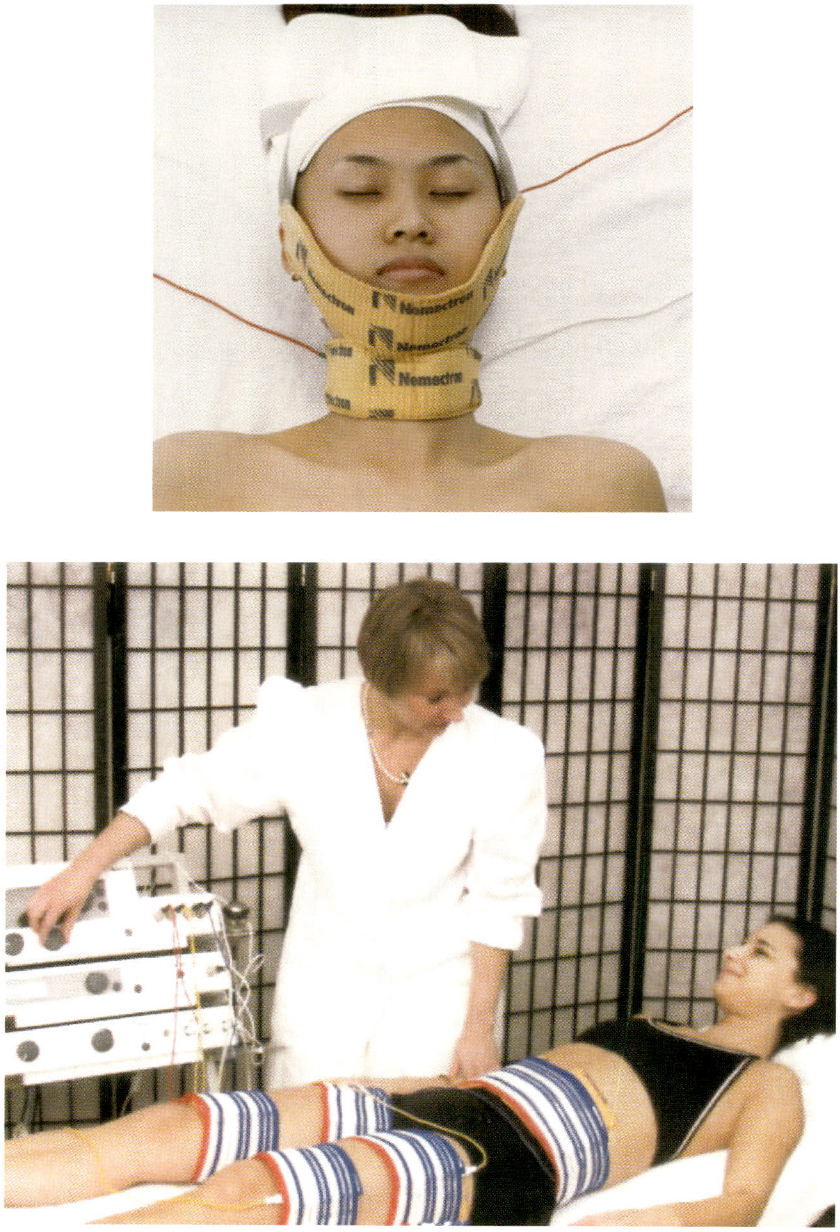

08 진공흡입 기기

1) 생물학적 이론

피부의 조직은 생물학적으로 독특한 탄력 구조를 가지고 있으며 가장 큰 역할을 하는 콜라겐 섬유는 진피층에 존재하는 섬유상의 세포들로서, 그들이 가진 길이보다 약 10% 정도 길이를 더 늘릴 수 있고, 엘라스틴 섬유는 그 구성성분과 질에 따라 조직의 엘라스틴을 결정짓는다. 이러한 이론을 바탕으로 한 진공 흡입법은 손으로 하는 마사지의 영향을 가장 간단하면서도 일반화된 기계 마사지이다.

2) 원리 및 장점

진공으로 빨아들이는 공기압이 작용하는 유리컵을 피부에 접촉하여 피부 표면에 작용하여 피부를 흡입하게 되는데 이 흡입하는 힘에 의한 피부 자극은 물리적 자극을 주게 되어 마사지 효과를 내게 된다. 적용부위가 넓은 경우 직경이 큰 컵을 사용하고 좁은 경우에는 작은 컵을 이용한다.

3) 효과

① 림프 및 혈액순환을 증진시켜 부종과 노폐물 축적을 방지한다.

② 긴장된 근육의 이완마사지에 효과적이다.

③ 셀룰라이트 및 균형 잡힌 체형관리로 비만관리의 시너지 효과를 기대할 수 있다.

④ 공기압을 통한 지압 효과로 정맥순환과 림프 순환을 촉진하여 신체 노폐물 재설 기능이 향상되고 면역기능이 강화된다.

⑤ 물리적 자극으로 모세혈관의 투과성이 증가되어 마사지 효과와 혈액순환 촉진 효과로 세포에 영양소와 산소를 충분히 공급해준다.

4) 주의 사항

① 전기영동요법(갈바닉 등)관리 후에는 진공흡입을 하지 않아야 한다.

② 민감성피부, 모세혈관확장증, 예민성 피부인 경우에는 가급적 적용을 하지 않는다.

③ 여드름 피부관리시에는 아주 약한 압력으로 관리하여 그 부위의 자극을 최소화한다.

④ 정맥류의 이상이 있는 경우 강한 압력관리를 해서는 안된다.

⑤ 임산부, 병원치료를 받고 있거나 약물 복용자는 관리에서 제외하도록 한다.(상담을 통해 경우에 따라 사용 가능하기도 한다.)

5) 관리방법

고객에 적용하는 부위에 따라 유리컵의 크기를 결정하여 시행한다. 고객의 신체적 상황에 맞는 압력은 뭉친 근육을 이완시키고 문제가 있는 부위에 정체된 노폐물을 배설하는 효과가 있다. 컵의 진행방향은 가장 근접한 림프절(액와, 림프절)로 들어올려 움직여 이전관리부위와 컵의 3/1지점이 겹치게 다른 관리를 진행한다. 진공흡입 기기 사용시 피부표면의 마찰로 피부손상이 생길 수 있으므로 적절한 오일을 선택하여 적당량 도포하여 관리하도록한다.

관리 후 유리컵은 반드시 세척하고 소독하여 보관하도록 한다.

그림 5-7 진공흡입 기기 시술

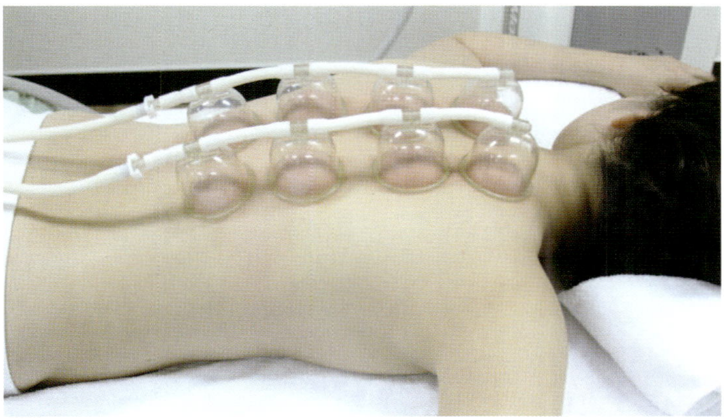

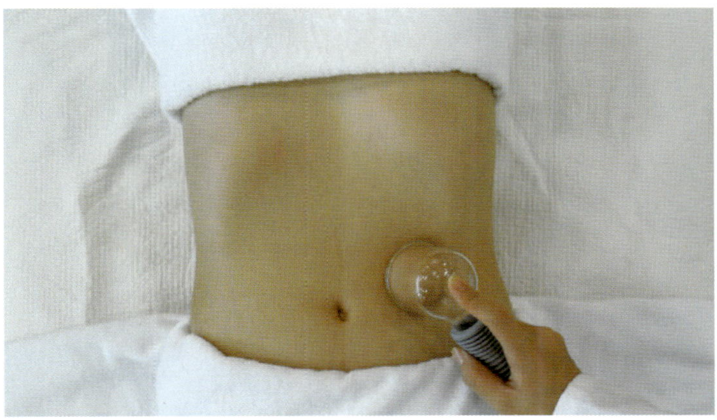

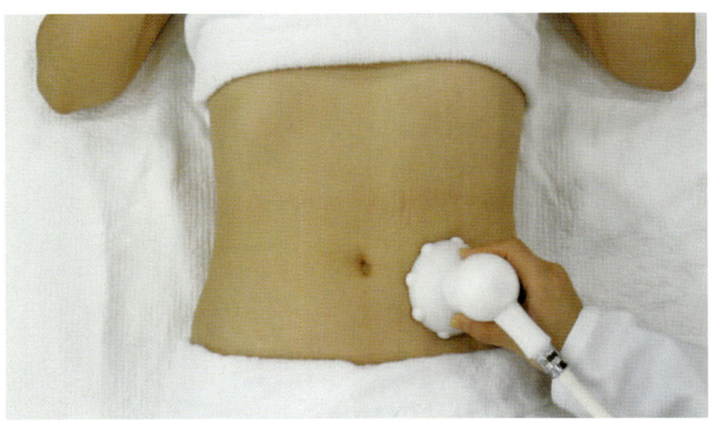

석션 볼타입

제6장

림프드레나지

Beauty Electrotherapy

01
림프의 정의

모세혈관벽을 통해 혈장과 조직액은 끊임없이 교류가 이루어진다. 혈장은 모세혈관벽을 통하여 들어가고, 혈관 밖으로 나온 혈장이 조직으로 들어가 조직액이 되는데, 이 림프관 속을 흐르는 연한 액체를 림프(Lymph)라고 한다.

림프는 혈액과 함께 조직세포를 둘러싸고 있어 체내의 항상성 유지에 중요한 역할을 하며 림프의 조성은 혈장과 거의 비슷하나 혈장에 비해 단백질량이 적다. 림프는 모세림프관에서는 투명한 액이나 림프관이 굵어질수록 대사노폐물, 각종 병균, 정맥으로 들어가지 못한 지방, 단백질 등이 모여 우유빛을 띈다.

림프는 거의 온몸에 퍼져 있으며 모세혈관과 정맥계와 유사하여 우리 몸의 제 2의 순환계라고도 하며 사람의 경우 모세혈관에서 조직 사이로 나오는 체액의 양은 1일에 약 20L인데 그 중 90%는 정맥으로 들어가며 나머지 10%는 모세림프관으로 들어간다.

림프의 생성은 모세혈관의 투과성을 높이는 물질에 의해 증가하며, 모세림프관벽의 투과성은 모세혈관브다 높아 세균이나 입자도 통과시킨다.

림프는 세포성분으로서 림프구를 함유하고 있어 면역반응에도 관여한다.

림프구는 초기 태아기 때 적색골수에서 생성되는 백혈구이며, 림프구가 모여있는 부위를 림프조직(lymphoid tissue)이라 부른다.

기능적으로 림프조직은 1차 림프조직과 2차 림프조직으로 되어 있으며 1차 림프조직은 주로 흉선과 적색골수에 존재하고 2차 림프조직은 지라, 림프절, 편도선을 말한다.

림프액의 순환은 정맥의 혈액 이동과 같이 근 수축과 호흡운동 등에 의존하고 림프액의 순환 속도는 매우 느리며 24시간 동안 약 2L정도이나. 이는 24시간 동안 형성된 조직액 총량의 약 10%에 불과하다.

1) 림프의 기능

① 체내 수분의 균형 유지를 한다.
② 과도하게 존재하는 조직간액을 심장으로 되돌리는 역할을 한다.
③ 단백질 분자를 혈류로 운반한다.
④ 장내에 흡수된 지방성분을 운반한다.
⑤ 면역작용을 한다.

2) 림프의 순환

심장 → 대동맥 → 동맥 → 모세혈관 → 조직 → 모세림프관 → 가슴관 → 좌·우 림프총관 → 좌·우 쇄골하정맥 → 대정맥 → 심장

3) 림프관의 정의

림프관은 림프관, 모세관들이 모인 집합관으로 매우 얇은 모세림프관을 총칭하며 림프를 모으고 운반하는 역할을 한다. 림프관은 근육을 싸고 있는 근막을 기준으로 피부사이에 존재하는 천부림프관과 근막 아래 위치해 있

는 심부 림프관으로 나뉘게 된다.

천부림프계는 피하 림프계, 근막상 림프계, 근막위 림프계라고도 하며, 근막위 모든 림프관, 림프절을 말한다. 심부림프계는 근막하 림프계라고 하며, 근육, 건, 인대, 뼈, 골막 등 모두에 존재하는 림프관, 림프절을 말한다. 모세림프관은 가장 작은 림프관이며, 이로부터 실질적인 림프 통로라고 할 수 있다.

림프모세혈관에 모아진 림프는 더 큰 림프관으로 운반되며, 림프관의 상호연결이 흉관과 우림프관으로 유입된다. 림프(lymph)는 물과 같이 맑은 액체지만 심장 중심부로 갈수록 지방을 흡수하여 혼탁해지며 흐르는 속도는 매우 느리므로 역류할 수 있어 림프관 내부에는 정맥처럼 역류를 막기 위한 림프판막(lymphatic valves)이 있다.

림프관은 소화된 지방분자 이동의 주요 통로이다.

그림 6-1 림프절의 전신분포도

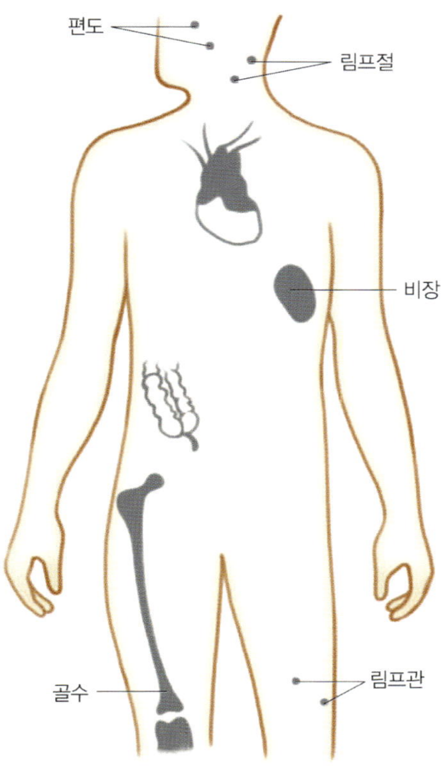

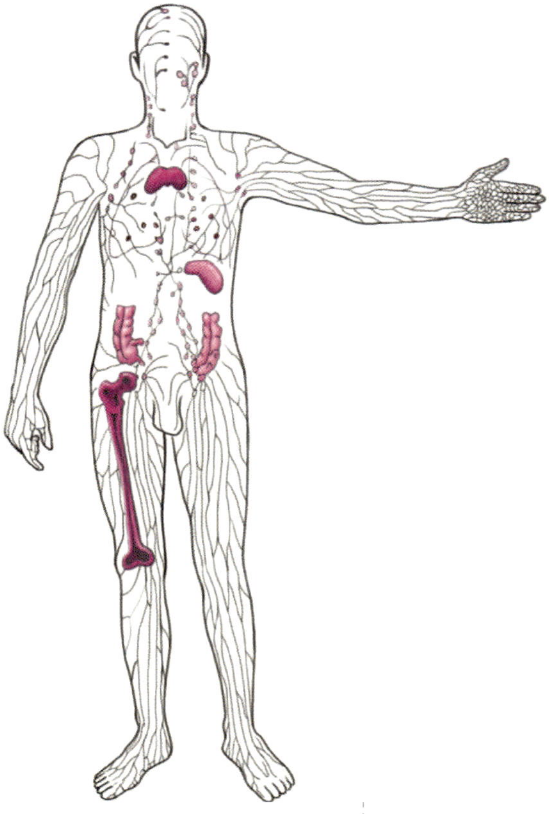

4) 림프절

림프절은 타원형의 구조로 전신에 좁쌀알 크기에서 부터 강낭콩알만한 크기까지 다양하며 직경은 2~30mm로 약 400~700개 정도 존재하는데 사람에 따라 차이 있다. 림프는 정맥 혈관으로 들어가기 전에 림프관을 타고 흐르다가 여러개의 림프절을 거친다. 액와, 팔꿈치 안쪽, 슬와, 목옆, 귀주위, 서혜부, 가슴, 복부 등과 같이 대동맥 주위에 집단으로 모여 있다.

목에는 림프절이 170~200개 정도, 액와에는 20~30개 존재하며 서혜부, 흉강, 장기, 골반 등에 무리를 지어 위치하고 있다. 림프절은 림프구에 의해 여과, 식균, 살균작용이 있어 염증, 세균, 암세포 등을 거르고 격리시키는 거름장치 역할을 하며, 림프구를 만들어 혈액 내로 방출시켜 면역항체를 만든다.

5) 림프 흐름의 특징

① 새로 형성된 림프가 먼저의 림프를 밀어낸다.
② 동맥의 맥박운동이 림프관을 마사지 한다.
③ 골격근 운동이 림프관을 마사지 한다.
④ 장의 연동운동이 유미(소화된 지방)를 림프관으로 밀어낸다.
⑤ 호흡활동에 의한 흉관 내의 압력 변화가 흐름을 촉진한다.
⑥ 열, 프리라디칼 산소 결핍에 의한 모세혈관 투과성이 좋아진다.
⑦ 림프드레나쥐는 10~20배 정도 빨리 조직액을 림프관으로 흐르게 한다.

6) 주요 림프절

① 안면 림프절
② 액와 림프절
③ 흉강 림프절
④ 복강 림프절
⑤ 골반강 림프절
⑥ 서혜 림프절

그림 6-2

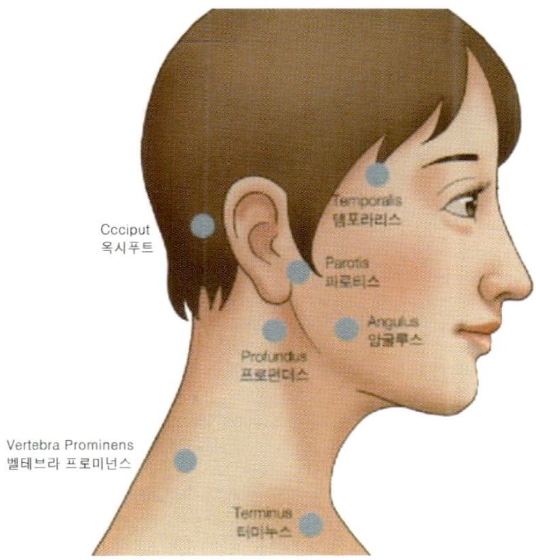

02
림프 마사지

1) 림프 마사지의 보급

약 100년 전 벨기에 의사인 알렉산더 위니워터(Alexander of Winiwatet)가 림프부종을 치료하는데 처음으로 수기 기술을 사용하였으나 대중화 되지 않다가 1930년대에 덴마크의 물리치료사인 에밀 보더(Emil Vodder)박사에 의해 림프 마사지로 발전되었다.

보더 박사는 림프선이 상당히 비후해 있는 환자들을 가볍게 쓰다듬으면서 환자의 상태가 많이 호전된 것을 느껴 1936년에 파리에서 건강과 미용(Sante et Beaute)란 주제로 개최된 박람회에서 이를 처음 발표 했고, 이 방법은 피부미용에 있어서 획기적인 것으로 받아들여 졌다.

이러한 가운데 독일 의사인 오하네스 아스동(johanned Asdonk)이 그의 병원에서 직접 환자에게 시험하여 의학적 효능을 확인하였고, 금기증과 적응증을 구별해 내어 적극적으로 의학, 미용계 등에서 확산되기 시작 하였다.

2) 림프 마사지의 목적

① 결체조직의 노폐물과 과잉 수분을 제거하여 부종을 해결한다.

② 순환을 촉진시켜 혈관을 건강하게 하고 독소를 제거한다.

③ 자율신경계의 작용을 균형있게 하며 통증을 가라앉히고 진정시켜 준다.

④ 면역기능을 강화시켜 준다.

⑤ 채액의 재흡수를 돕는다.

3) 림프 마사지를 해서는 안되는 경우

① 악성, 만성, 습성적인 염증이 있는 경우는 금한다.

② 갑상선기능에 장애가 있는 경우는 금한다.

③ 천식이 있는 경우는 호흡이 곤란하므로 제한한다.

④ 독감에 걸린 임신부는 금한다.

⑤ 결핵이 있는 경우

⑥ 심부전증

⑦ 생리 시

⑧ 저혈압

4) 림프마사지 적용 가능한 대상

① 여드름피부, 모세혈관 확장증 피부

② 튼살, 아토피 피부염, 셀룰라이트 부위

③ 관절염으로 인한 상처, 일반 부종

④ 생리나 임신으로 인한 유방 통증, 성형수술 후 재생관리

⑤ 편두통, 스트레스

⑥ 물리적 자극을 피해야 할 민감한 피부

⑦ 부종

⑧ 셀룰라이트

⑨ 홍반현상

5) 림프 마사지의 기본동작

① 정지상태 원동작 (Stationary circles)

손바닥이나 손가락의 끝을 사용하여 원형을 그리는 동작으로 한 부위를 여러 번 반복하여 실시하고 림프액이 흐르는 방향으로 목이나 얼굴 주요 림프절 부위에 적용된다. 이때 시행방향은 림프배출 방향으로 흘러가게 하고 시행주기는 천천히 일정한 주기로 연속적으로 시행한다.

② 펌프 (pump technique)

손바닥의 전면이 피부에 완전히 닿도록 손을 컵 모양으로 만들어 피부를 신장시키고 이완시키면서 림프액이 흐르는 방향으로 적용한다. 손목은 관절처럼 움직인다. 적용 부위는 주로 팔이나 다리이다.

③ 퍼올리기 기법 (Scoop technique)

손목을 굴곡시켰다가 신장시키는데 이때 전완을 회의시켜 동작이 크게 일어날 수 있도록 한다. 손목의 회전은 손목과 손을 하나의 나선모양으로 하고, 손가락을 뻗고 압력은 주는 동안 몸쪽으로 돌린다. 건지의 중수지절 관절이 축이 되는데 바닥면이 충분히 피부에 접촉될 수 있도록 하며, 그 상태에서 최대 신장을 유도시킨다. 주로 팔이나 다리에 적용이 된다.

④ 로터리(Rotary technique)

손바닥을 편 상태에서 피부를 팽팽하게 당기면서 엄지를 림프액이 흐르는 방향으로 원형의 동작을 만들어 림프순환방향으로 압력을 주면서 순환운동을 한다. 적용 부위는 주로 흉곽, 등, 둔부, 복부에 적용된다.

그림 6-3 림프의 흐름방향

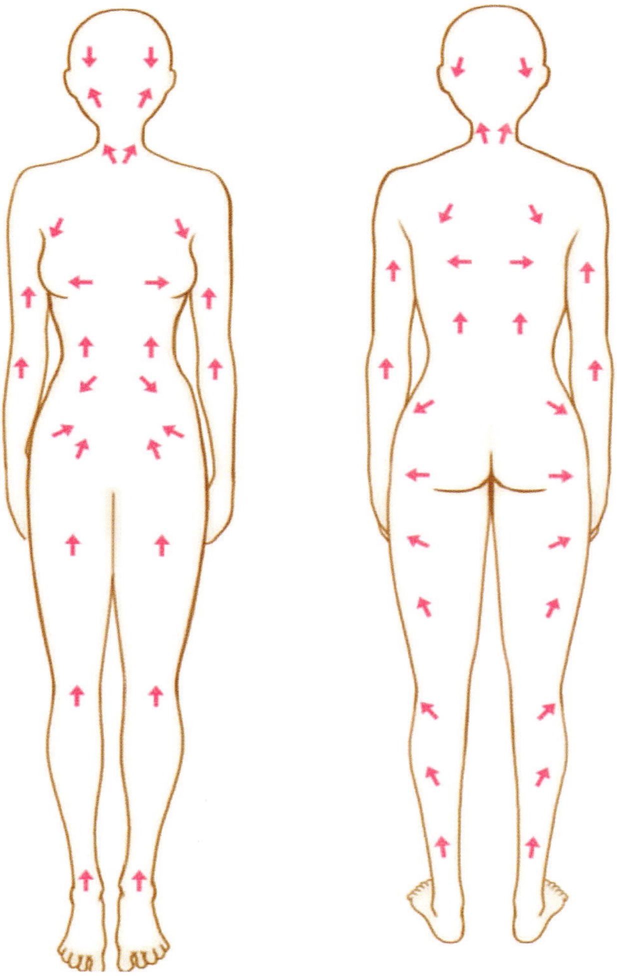

*** 림프의 순환**

채액 → 모세림프관(림프액이 됨) → 림프관 형성(다른 모세혈관들과 함께) → 림프절(림프액 여과) → 집합관(림프관 줄기들이 합쳐짐) → 쇄골하정맥(심장에 유입)

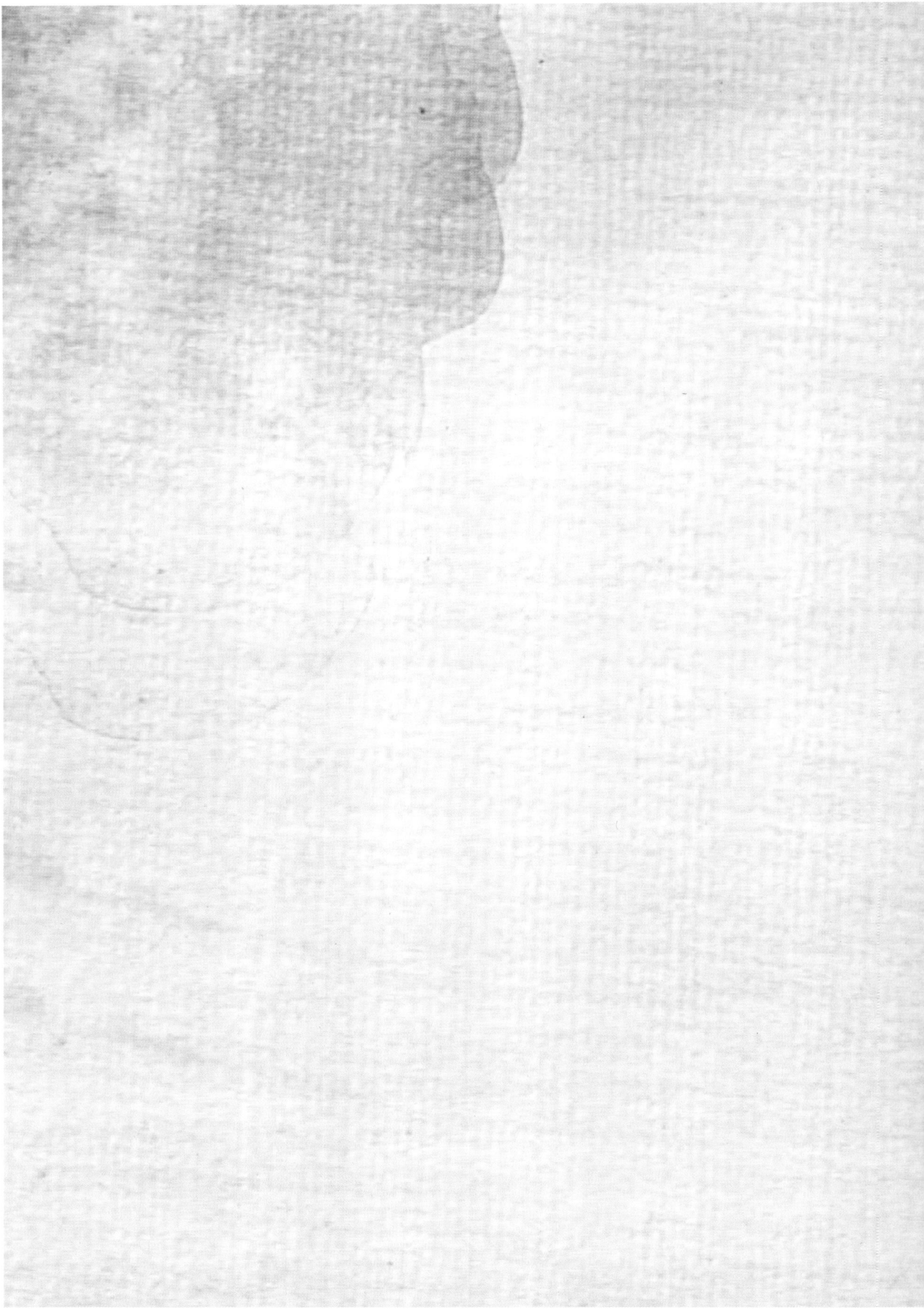

제7장

광선관리 기기

Beauty Electrotherapy

01 적외선

피부미용에 사용되는 광선은 주로 적외선(infrared-rays), 가시광선(visible light-rays), 자외선(ultraviolet-ray)이며, 인공적인 장치에 의해 빛이 발생하는 원리로서 피부미용적 효과를 나타내는 기기이다.

광선은 전기나 다른 힘에 의해 생성 가능하며, 가시매개체 없이 전파될 수 있다.

전파의 방향은 직선방향으로 전파하는데 물체에 부딪치면 반사되거나 되돌아오는 성질, 침투하는 성질, 흡수 및 산란과 굴절하는 성질, 간섭과 회절, 한방향만 진동 이동하는 편광의 성질을 갖고 있다.

적외선은 파장이 700~400,000nm 사이의 전자기파로 물질에 흡수될 때 물질을 구성하고 있는 분자의 격렬한 운동으로 열이 발생되어 물질을 따뜻하게 하는 성질이 있어 열선이라고도 한다.

파장이 780~1,500nm까지의 단파 적외선을 근적외선, 1,500~15,000nm까지의 장파 적외선을 원적외선이라고 하며, 적외선의 보통 침투 깊이는 약 5~10nm이고 원적외선은 2nm 이하이다. 이러한 적외선기기는 열효과를 주어 피부미용에 많은 활용도를 보이고 있다.

02
적외선의 효과

적외선이 신체조직에 조사되면 국부적, 전신적으로 효과는 나타낸다.

1) 신진대사의 증가

표피와 같이 열이 가장 많이 발생되는 부위에서 신진대사가 최대로 증가되어 산소 및 영양공급 증진으로 노폐물 배설이 촉진된다.

2) 혈관확장

적외선 열의 직접효과가 표피조직의 감각신경 말단 자극으로 모세혈관과 세동맥의 확장을 일으켜 표피의 혈류가 증가하게 된다.

3) 근조직에 대한 효과

열공급에 의한 신체온도의 상승으로 근육이완과 근육작용의 효율성을 증가시킨다.

4) 감각신경에 대한 효과

원적외선의 미열은 감각신경 말단에 진정효과가 있다.

5) 적외선의 부작용

반복해서 노출될 경우 발생하는 현상으로 붉거나 검붉으스름하게 피부에 색소침착이 생길수 있으며 과도한 열조사시 조직이 파괴 될 수도 있다.

03
적외선 미용기기

1) 적외선램프

적외선 램프는 복사열의 성질이나 침투 성질에 의해 발광등과 비발광등으로 나뉜다.

발광등은 근적외선등의 소량의 자외선이 방출되어 고온의 피부 심층침투가 일어나며, 비발광등은 원적외선이 방출되어 눈으로 볼 수 없으며 저온의 상층부 침투가 일어난다. 비발광등은 피부표면에서 강하게 흡수되어 발광등보다 훨씬 뜨겁게 느껴지며 주로 두피관리나 건조 목적 또는 전신관리시 온열효과를 위한 목적으로 사용되어지고 온도조절을 할 수 있다.

2) 원적외선 사우나기

원적외선 사우나기기는 장파 적외선인 원적외선이 발생되어 전신의 온열효과를 이용하는 캐비닛형과 원통형의 유닛으로 설계된 사우나 기기이다.

광선의 깊은 침투로 혈액순환을 촉진하여 노폐물 제거에 효과적인 기기로서 비만이나 체형관리의 전단계에 많이 이용된다.

04
적외선기기 적용시 주의사항

고객의 비적용증 검토와 모든 금속류 제거 및 관리과정을 설명하고 램프의 직접 접촉을 금지시키고 관리시 고객과 램프의 거리는 50~90cm를 유지한다.

고객의 눈은 아이패드로 보호하고 최대흡수 효과를 위해 해당부위와 평행으로 놓여 빛이 직각으로 비춰지도록 한다.

그리고 관리시 피부반응에 따라 높이와 각도를 조절하거나 과도한 홍반과 통증, 부종 및 상처부위에 출혈 증상이 나타나면 곧바로 중단한다.

자외선 적용 전 단계에 절대 병행해서는 안되며 고열증, 급성질환, 심부종양, 악성종양, 심장 및 신장질환이 있는자는 절대 금지한다.

그림 7-1 광선 관리 기기

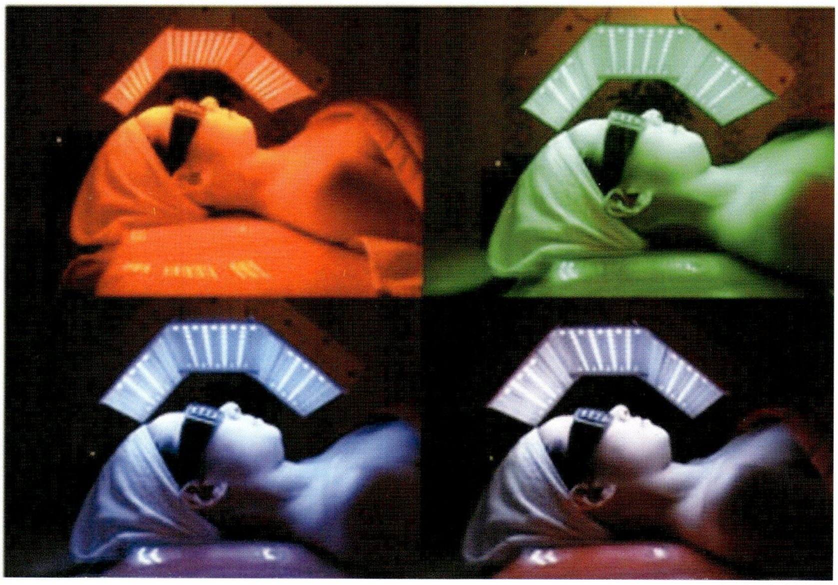

제8장
메디컬 기기관리

Beauty Electrotherapy

01
레이저의 개념 및 역사

레이저(Laser)는 Light Amplification by Stimulated Emulsion of Radiation)의 약자로 1917년 Albert Einstein의 양자이론을 근거로 발전하기 시작하였다.

레이저는 공진기내에서 매질의 전위차에 의해 발생한 빛을 유도방출에 의해 증폭하여 적외선 또는 가시광선 영역의 전자기파를 일컫는다. 1960년 Theodore H. Maiman이 694nm의 루비 레이저(Ruby laser)를 최초로 성공시킨 후 레이저라는 용어가 널리 쓰이기 시작했다.

이후 아르곤(Argon), 이산화탄소(CO2) 레이저가 개발되면서 피부과에서 흔하게 사용되어지고 있다.

현재는 피부과 영역에서 레이저가 차지하는 위치가 점차 확대되고 있으며 약 20~30년 전까지만 해도 치료가 불가능하였던 질환들에 대해 최선의 치료방법으로 선택되어지고 있다.

오타모반 및 문신을 비롯한 여러 색소성 질환, 화염상 모반 및 혈관종, 정맥류 같은 혈관 병변등이 레이저 치료에 의한 혜택을 가장 많이 받게 된 질환이며 최근에는 피부 박피술과 제모술에 이르기까지 치료범위가 매우 다양해지고 있다.

02
레이저의 특징

레이저 빛은 단일 파장으로 단색성(Monochromaticity)을 보이고, 일정한 방향성(collimation)을 보이며, 간섭성(coherrent)이 없는 특성을 갖고 있다. 또한 일시적으로 강한 힘(Brightness)을 보여 치료하고자 하는 병변에 그 힘을 집중시킬 수 있는 특성이 있다.

레이저의 작용에 미치는 요소로는 레이저의 파장(Wave length), 조사시간(Pulse duration), 선택적 광 열분해(Selective photothermolysis)작용, 에너지(Energy), 레이저빔의 크기(Spot size)등이 있다.

03
의료용 레이저의 이용

초기의 의료분야에서 레이저는 수술용 메스를 대신해서 조직 및 종괴의 절개 및 응고에 주로 사용되었으나, 최근에는 레이저와 조직 간의 다양한 반응을 이용하여 거의 의료분야 전체에서 이용되어지고 있고 특히 피부미용분야에서는 효과적인 레이저들이 연구되고 계속 발전하고 있다.

레이저의 매질은 기체, 고체, 액체, 반도체 등이 될 수 있고 대개는 사용된 매질에 따라서 레이저의 명칭이 붙여진다.

대표적으로 기체매질로는 CO_2, 아르곤, 헬륨네온레이저가 있고, 고체매질로는 엔디야그, 알렉산드라, 루비레이저가 있으며 액체매질로는 색소(Dye)레이저가 있다.

또한 용도에 따라서 혈관병변용 레이저, 색소병변용 레이저, 수술용 레이저로 분류하기도 하고, 파장에 따라서 자외선대, 가시광선대, 적외선대 레이저 등으로 분류할 수도 있다.

04 레이저의 종류

1) 색소용 레이저

(1) 큐스위치 엔디 야그 레이저(Q-switched Nd:YAG laser)

Neodymium을 포함한 Yutrium-Aluminum-Garnet 결정체에서 레이저빔을 만들어내는 방식으로 1964년 벨연구소에서 처음으로 발명하였다.

엔디야그 레이저는 섬광램프나 레이저 다이오드에 의해 펌핑되며, 오늘날 많이 사용되는 레이저중 하나로 다양한 피부병변에 사용되고 있다.

기본적으로 1064nm의 파장으로 근적외선 영역의 눈에 보이지 않는 레이저빔이 생산되나, 이 레이저빔이 광학 공진기와 증폭장치를 거쳐 전달 장치로 가기 전 KTP (Potassium Titanyl Phosphate)크리스탈을 통과하게 되면 파장이 절반이 되고 주파수가 두 배가 되어 532nm의 초록빛을 발산하게 된다. 이처럼 큐스위치 엔디야그 레이저는 532nm와 1064nm의 두 가지 파장으로 다양한 피부병변에 사용할 수 있다.

엔디야그 레이저에 부착된 큐스위치는 색소 이외의 주변 조직에 열 손상을 주지 않고 색소만을 선택적으로 파괴하기 위하여 대단히 높은 순간 최대 에너지와 나노초의 짧은 펄스기간을 가져 색소성 질환의 치료에 널리 사용되고 있다.

또한 최근에는 Non-Q모드를 응용해 모공축소와 잔주름 치료를 하는 소프트필과 기미 등의 색소치료를 위한 레이저 토닝 등의 치료방법이 많이 시도되고 있다.

① 소프트 필(카본 필링)

큐스위치 엔디야그 레이저에서 1,064nm 파장의 레이저 빛은 검은 색소를 주로 공략하므로 피부표면에 카본로션을 바르고 레이저를 발사하면 레이저 빔은 피부 바깥쪽의 카본을 공격하게 된다. 카본이 제거 되면서 얼굴을 칙칙하게 만드는 표피의 각질층 일부가 함께 제거되어 매우 얇은 필링의 효과를 나타내게 된다. 또한 카본입자가 넓은 모공 환자의 경우 모공 속으로 침투하여, 레이저 조사 시 모공내부의 청소가 이루어져 반복 시술시 모공이 축소되는 효과도 있는 것으로 보고되어 있다.

그림 8-1 소프트 필링 시술 시 카본 도포

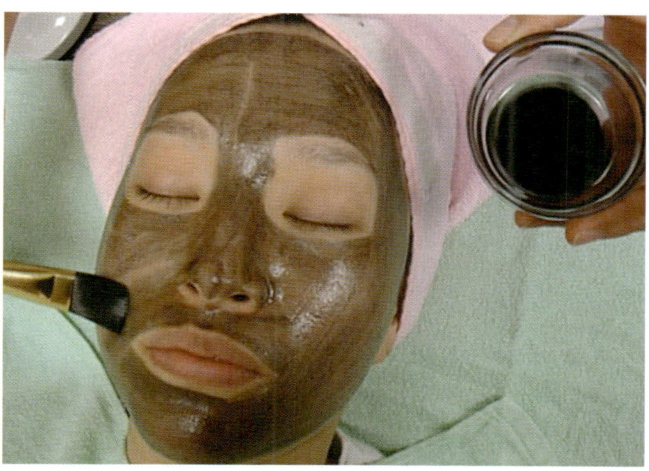

② 레이저 토닝

레이저 토닝은 비교적 낮은 에너지밀도로, 넓은 스팟 사이즈를 이용하여 기미 및 색소병변을 치료하는 방법이다.

1,064nm 큐스위치 엔디야그 레이저를 사용하여 이용하고 멜라닌세포의 파괴가 일어나지 않으므로 일상생활에 지장이 적고, 색소 침착의 부작용이 적다.

치료 후 표피손상에 의한 부작용이 거의 없고 시술 직후에 세안이나 화장, 일상생활이 가능하다. 1주 간격으로 반복하여 8~10회 시술시 50~80%의 기미 호전을 보인다.

레이저 토닝 후 이온영동 요법으로 비타민C의 투여는 기미치료에 도움을 준다.

*** 큐스위치 엔디야그의 적응증**

532nm - 잡티, 주근깨, 흑자, 검버섯
1064nm - 기미, 문신, 오타모반, 밀크커피반점

그림 8-2 레이저 토닝 시술로 기미치료

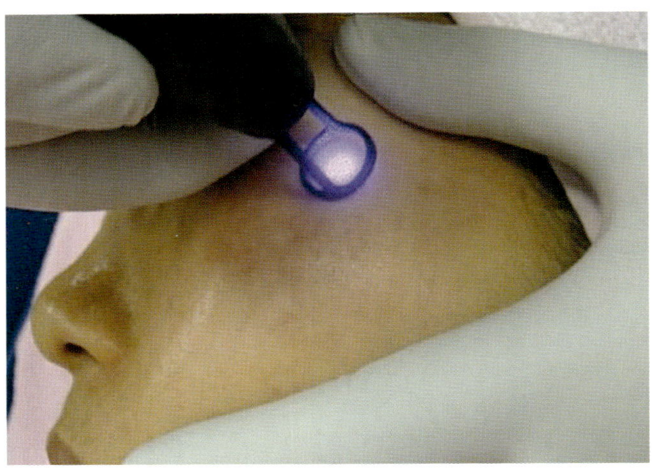

(2) 루비 레이저(Ruby laser)

649nm의 파장을 가진 적색광을 내는 레이저로, 주로 멜라닌에 흡수되며, 일부는 혈색소에 의해서도 흡수가 된다. 주로 문신, 오타모반, 주근깨, 검버섯 등의 색소질환에 사용되었으나 최근에는 사용빈도가 낮다.

(3) 알렉산드라이트 레이저(Alexandrite laser)

755nm의 파장으로 주로 색소성 병변이나 제모치료에 사용되고 있다. 큐스위치 모드를 이용해서 기미, 문신, 주근깨 등의 색소질환 치료에 이용되고, 롱펄스 모드로 영구제모 치료에 사용하기도 한다.

2) 혈관용레이저

(1) Dye 레이저

1966년 P.P. Sorokin과 F.P.Schafer가 처음으로 발견한 레이저로 피부표피에 존재하는 발색단인 멜라닌을 통과하여 목표로 하는 산화 헤모글로빈까지 도달하여 주위의 조직 손상없이 오로지 혈관만을 파괴하는 역할을 한다.

용매에 유기색소(Organ dye)와 Rhordamine 색소를 녹여 이를 매질로 사용하는 색소 레이저로서 에너지원으로 flash lamp를 사용하여 분획광이 방출되므로 Pulse Dye Laser(P.D.L)라 한다.

주로 유아혈관종, 화염상 모반, 모세혈관 확장증, 거미상 모반, 화농성 육아종 등의 주로 혈관성 질환치료에 선택적이며 효과적으로 사용되고 있다.

그림 8-3 Dye 레이저로 여드름과 건선의 치료

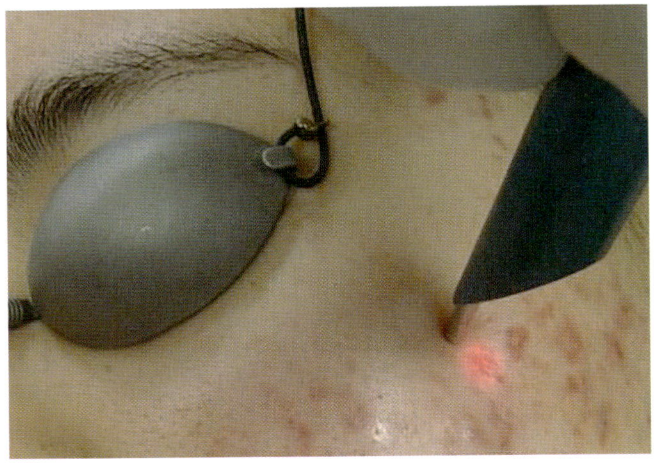

(2) 아르곤 레이저(Ar laser)

488(청색)nm와 514(녹색)nm파장의 가시광선으로 혈색소와 멜라닌 색소에 선택적으로 흡수된다. 주로 화염상 모반, 노인성 혈관종, 화농성 육아종, 모세혈관 확장증 등에 사용되었으나 주위조직 손상으로 인한 비후성 반흔, 영구적 저색소증, 피부위축 등의 부작용으로 최근에는 거의 사용되어지고 있지 않다.

3) 제모레이저

(1) 롱펄스 엔디야그 레이저(Long pulsed Nd:yag)

CO_2 레이저나 큐스위치 엔디야그로 치료가 안되는 시술인 제모와 모세혈관 치료에 사용된다.

긴 펄스기간(msec)과 다양한 프로토콜을 이용하여 영구제모, 혈관질환치료 및 피부리프팅 등을 할 수 있으므로 효율성이 크게 작용하고 있는 롱펄스 엔디야그 레이저도 있다.

프락셔날 핸드피스를 이용하여 피부에 미세 열손상(Microthrmal damage)을 발생시키는 레이저빔을 침투시켜 피부 자가 재생 유도를 촉진하고 콜라겐 재생 및 피부탄력을 높여 모공축소와 잔주름 제거 및 흉터치료에 높은 효과를 보인다.

혈관 병변과 영구 제모, 마이크로셀의 미세박피, 블랙필로 인한 피부 재생 등의 여러 가지 병변을 하나의 장비로 시술가능하며 모든 피부에 사용할 수 있고, 가장 중요한 부작용이 적고 매우 짧은 다운타임을 가지고 있다고 알려져 있다.

그림 8-4 롱펄스 엔디야그(Long pulsed Nd:yag)레이저: Aileen(FineMEC)

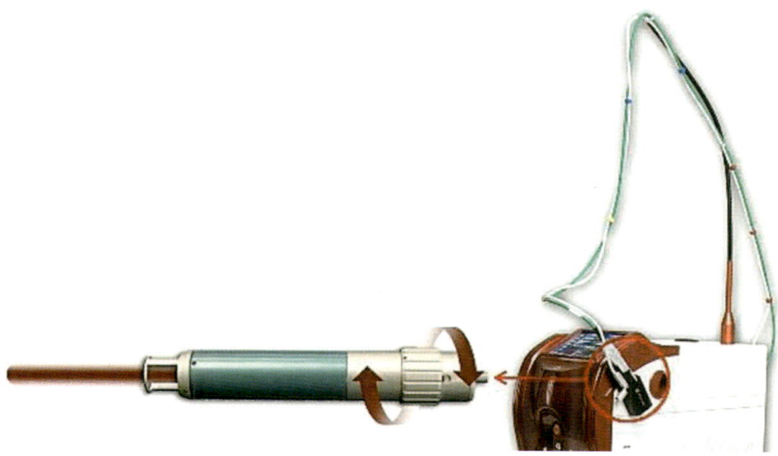

(2) 소프라노 (Diode 레이져)

810nm 파장의 다이오드 레이저를 이용하여 모낭에 있는 검은 멜라닌색소를 파괴함으로써 제모를 하는 새로운 방식의 제모 시스템이다.

선택적 빛과 열이 분해되는 원리에 근거를 두고 모발을 제거하도록 설계되었고, 이 방법은 피부 및 주위 조직에 대한 손상 없이 털 모낭의 발아 세포가 손상을 입을 만큼의 충분히 열을 가함으로써 모발의 성장을 억제 시켜주는 원리이다.

반영구적인 제모가 가능하고 통증이 경미하며 선택적으로 모낭을 파괴하기 때문에 안전하다 알려져 있다. 시술은 적어도 5회 이상의 반복치료를 받아야 90~95%정도 없어진다고 한다.

그림 8-5 소프라노 제모 레이저

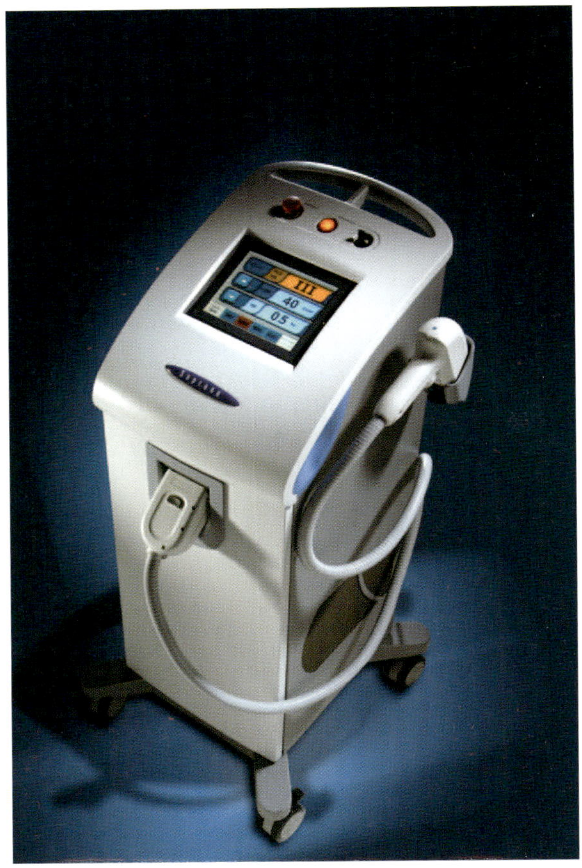

(3) 롱펄스 루비 레이저(Long pulsed Ruby laser)

649nm의 파장을 가진 적생광을 내는 레이저로, 주로 멜라닌에 흡수되며, 일부는 혈색소에 의해서도 흡수가 된다.

주로 문신, 오타모반, 주근깨, 검버섯 등의 색소질환에 사용되었으나 최근에는 사용빈도가 낮다.

조사시간을 길게 한 롱펄스 루비레이저도 제모에 이용되며 효과로 볼 때 다이오드 레이저와 알렉산드라이트 레이저가 더 효과적으로 알려져 있다.

(4) 롱펄스 알렉산드라이트 레이저(Long pulsed Alexandrite laser)

755nm의 파장으로 롱펄스 모드로 영구제모 치료에 사용하기도 한다. 이 파장은 피부속의 모낭만을 선택적으로 파괴하고 굵은털 에서부터 얇은 털에 이르기까지 제모 효과가 아주 뛰어나서 겨드랑이나 비키니라인의 굵은 털에서부터 여성 얼굴의 잔털에 이르기까지 모두 뛰어난 효과를 나타낸다고 알려져 있다.

4) 박피 레이저

(1) CO_2 레이저

1964년 Patel에 의해 개발된 CO_2 레이저는 현재 의료분야에서 가장 많이 쓰이는 레이저로 10,600nm파장이 적외선 영역의 광선으로 조직의 수분에 친화성을 가져 세포내외의 수분에 비 선택적으로 흡수된다.

피부과에서는 점, 주근깨, 흑자, 티눈, 사마귀, 비립종, 쥐젖, 피부종양의 제거 등 수많은 피부질환의 치료에 사용되어지고 있다.

외에도 최근에는 연속파에서 펄스파로 개발되어 출력밀도를 높이고 스캐너를 장착하거나 초단파(super-pulse), 극초단파(ultra-pulse)의 모드 등을 이용하여 레이저 박피술을 이용한 피부재생, CO_2 프락셔날 레이저를 이용한 피부 회춘 등 다양하게 응용되어지고 있다.

*** CO_2 레이저 전·후 관리**

1. 점 뺄 부위에 마취크림 도포 후 15~30분간 후에 시술한다.
2. 깊은 사마귀나 티눈 등은 리도카인을 사용하여 의사가 직접 마취한다.
3. 점이나 흑자를 뺀 부위는 메디폼을 붙여준다.

4. 당일 세안은 피하고 깊고 크게 시술 한 부위는 2~3일 정도 세안을 피한다.
5. 어느정도 살이 차오르면 후시딘이나 재생 크림을 사용한다.
6. 자외선 차단을 철저히 한다.

(2) 어븀 야그 레이저(Erbium YAG laser)

2940nm의 파장을 내는 레이저로 CO_2 레이저보다 수분친화력이 높아 10배정도 물에 잘 흡수된다. 따라서 CO_2 레이저보다 주변조직에 열 손상을 적게 일으키고 시술시 통증이 적으며 홍반이 덜 생긴다. 이와 같은 특성으로 레이저 필링에 많이 사용되고 있다.

5) 비박피성 레이저

비박피성 레이저는 표피의 열손상 없이 진피의 온도를 60℃로 올려 진피의 섬유아세포를 수축시켜 피부재생을 시키므로 기존의 박피 레이저가 효과가 뛰어남에도 불구하고 회복속도가 더디고 홍반과 색소침착으로 일상생활의 지장을 초래하는 단점을 보완 할 수 있다. 그러나 피부탄력이나 재생효능은 박피레이저보다 떨어지는 것으로 알려져 있다.

대표적 비박피성 레이저로는 1320nm 엔디야그인 쿨터치, 1540nm 어븀글라스인 아라미스, 1450nm 다이오드레이저인 스무스빔 등이 있다.

6) 프락셔날 레이저

프락셔날 레이저는 박피 레이저의 불편함을 완화하고 비박피성 레이저보다 진보된 효과를 보기 위한 방법으로 피부를 미세하게 박피한다는 개념이다. 마이크로 빔을 통하여 $1cm^2$ 의 피부 면적당 400~700개 이상의 미세한 홀을 만들고, 간헐적 간격으로 열 손상을 주면 주위조직들의 빠른 치유 능력을 통해 진피 섬유아세포의 콜라겐 등이 재생되어 각종 흉터나 모공축소,

주름 치료나 피부 탄력을 개선시킨다. 대표적인 프락셔날 레이저에는 프락셀, 모자이크, 셀라스 등이 있다.

또한 기존의 각종 레이저에 프락셔날널 레이저를 도입하여 기존의 박피 레이저에 프락셔날 레이저와 유사하게 미세한 바늘이나 빔을 연결하여 피부에 에너지를 전달하는 방법으로 프락셔날 어븀야그레이저, 프락셔날 CO_2 레이저, 더 진보하여 고주파와 프락셔날을 연결한 프락셔날 RF 등도 효과를 나타내고 있다.

그림 8-6 일반 레이저와 프락셔날 레이져

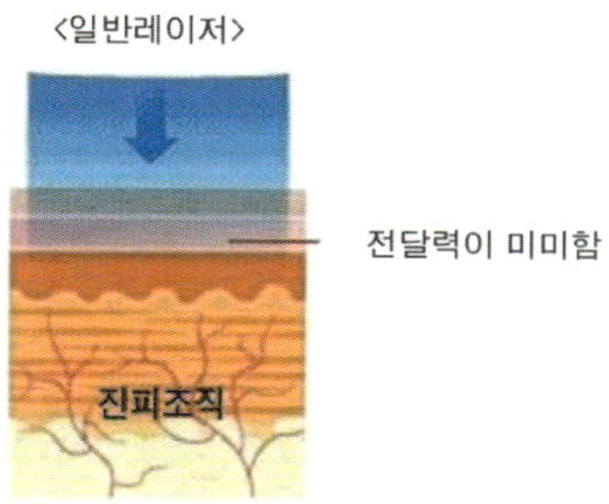

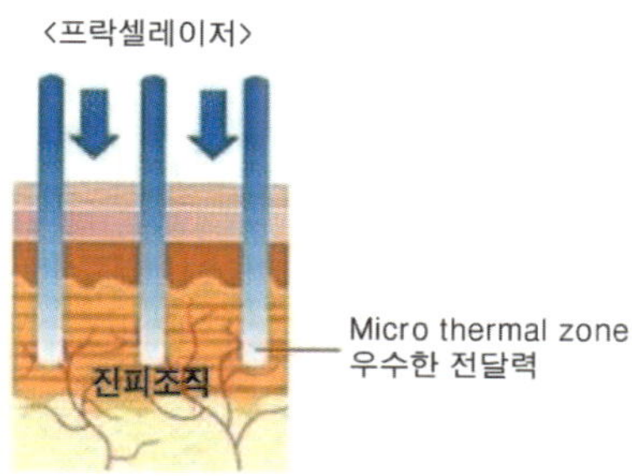

프락셔날 레이저의 분류

대표적인 프락셔날 엔디 야그 레이저	픽셀(ER Pixel 2940nm), 프로프락셔널(Profractional TM), 어펌(Affirm), 엘린(Aileen) 등
대표적인 프락셔날 CO_2 레이저	프락셀 리피어(Fraxel Repair), 스캔셀(Scancel), 프라코(Fraco), 엑셀로2(Exelo2), 에코(eCO2) 등
대표적인 프락셔날 RF	인트라셀(Intracel), 이매트릭스(eMatrix), 스칼렛(Scarlet), 디아제(DeAge) 등

(1) CO_2 프락셔날 레이저(Fractional CO_2 laser)

CO_2 레이저는 단지 피부병변을 기화시키고 피부를 벗길 뿐 아니라 진피 내의 콜라겐을 수축시키고 새로운 콜라겐 형성을 유도하기 때문에 여러 가지 흉터에 효과를 보인다. 이뿐 아니라 노화된 피부에 사용하면 주름이 개선되고 피부에 탄력이 생기는 효과가 있고 최신 분할광선 열 융해의 개념을 접목한 CO_2 프락셔날 레이저는 뛰어난 효과와 저렴한 장비가격으로 인해 현재 급속도로 사용이 늘어가고 있다.

0.05mm의 CO_2 레이저 빔이 초당 최대 700개 이상의 미세한 홀을 형성 피부 속에 침투하여 피부를 재생한다.

여드름 흉터, 모공축소, 잔주름, 리프팅 치료 등에 사용되고 연약한 피부에는 출력을 약하게 하는 미세필링을 실시할 수 있다.

*** CO_2 프락셔날 레이저(스캔셀) 전후 관리**

1. 얼굴전체에 마취 크림을 도포 후 약 40~50분간 랩핑한다.
2. 마취크림으로 입 주위가 얼얼해 지는 것을 미리 고객에게 설명한다.
3. 시술 후에는 크라이오 셀이나 산소를 이용하여 쿨링을 실시한다.
4. 줄기세포나 EGF 성분을 바로 침투 시킨다(미세 홀의 형성으로 침투력이 좋아진다)
5. 당일은 세안을 피한다.
6. 각질이나 딱지가 생길 경우 인위적인 제거는 피한다.
7. 사우나 등의 열을 피하고 수영도 1주일간은 삼가한다.
8. 보습크림과 재생크림을 일주일간은 철저히 도포한다.
9. 철저한 자외선차단을 실시한다.
10. 일주일 후 고 영양 재생관리는 필수적이다.

그림 8-7 CO_2 프락셔날 레이저(Fractional CO_2 laser) 5회 시술 후 전후 사진

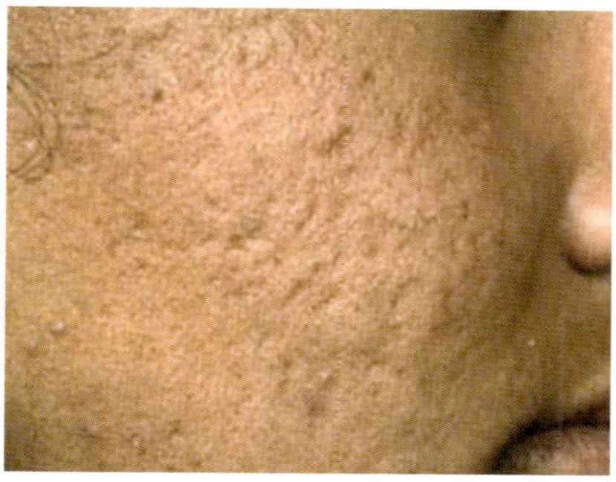

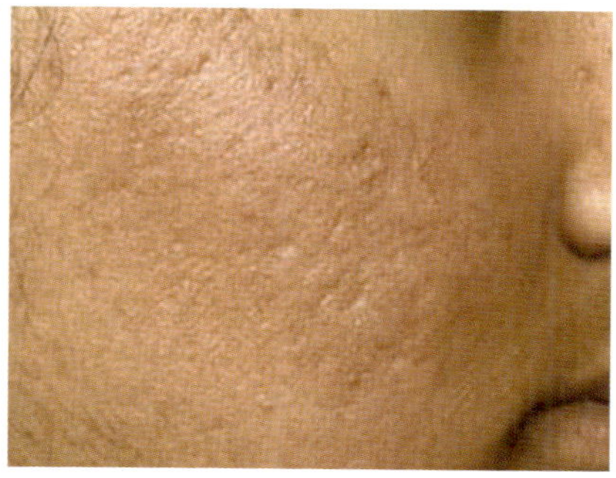

(2) 인트라셀(Intracel) – Fractional RF Microneedle

미세 침을 이용한 RF장비인 인트라셀은 비박피성 피부재생술 장비와 프락셔날 레이저의 장점을 취해 피부손상을 최소화하고 진피 층에 미치는 효과를 높인다.

특수 제작된 절연 마이크로 니들을 순간적으로 삽입함과 동시에 고압펄스의 고주파를 이용한 국소적인 열 손상을 통해 치료효과를 나타낸다.

그림 8-8 인트라셀(Intracel)의 핸드피스

그림 8-9 인트라셀(Intracel)의 작동 원리

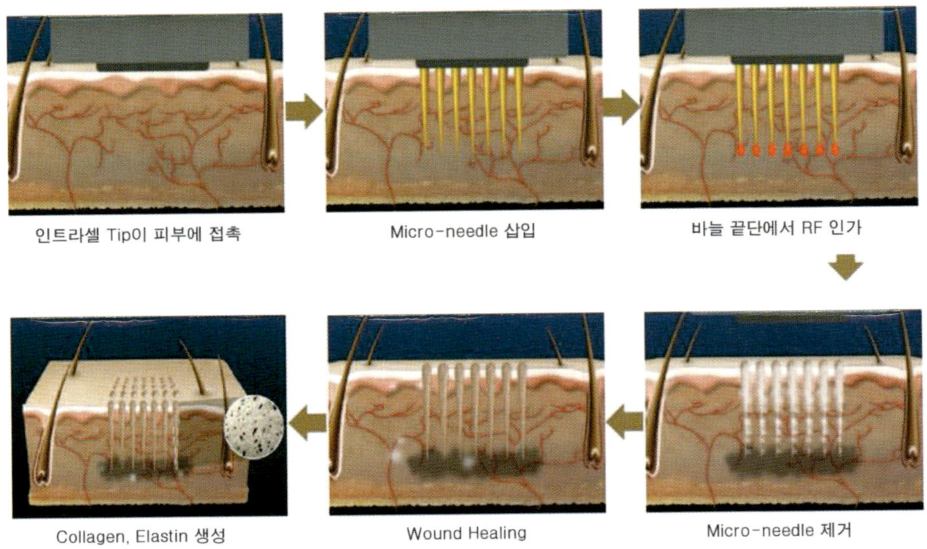

인트라셀(Intracel)의 특징

적응증	장점
• 흉터및 피부 재생 • 리프팅/타이트닝 • 순간 수축 및 장기적인 모공 개선 • 미백 및 피부결 개선 • 여드름치료 • 기미, 색소 침착	• 흉터, 주름, 색소성 질환을 동시에 치료 • 박피성시술이 안라 미세바늘을 이용 • 짧은 시술시간과 회복기간 • 1회용 팁을 사용하므로 매우 위생적 • 높은 연령대의 환자에게도 좋은 시술 효과 • 넓은 부위의 튼살이나 흉터에도 시술 가능

7) 지방조직에 작용하는 레이저-아큐 스컬프(Accusculpt)

얼마 전까지 얼굴의 V라인을 만들기 위해 양악수술과 같은 뼈를 깎는 수술이 여성들의 관심을 끌었다.

그러나 최근에는 수술에 대한 두려움과 통증 때문에 아큐스컬프 레이저 등을 이용해 수술에 대한 두려움을 해소하는 경우가 늘고 있다.

아큐스컬프는 정교하게(accurate) 조각(sculpt)한다는 뜻이다. 세계 최초로

1,444mm 파장을 적용해 지방층에 레이저를 쏘아 지방 조직만을 파괴해 세밀한 부위까지 정밀한 성형이 가능한 시술이며 지방세포와 물에 대한 선택적 흡수도가 뛰어나 미국 FDA 승인을 받았다.

이 시술은 시술 직후 주름과 탄력을 개선해 줄 뿐 아니라 콜라겐 생성을 유도해서 계속적인 피부 결 개선과 피부 타이트닝 효과를 볼 수 있다. 뿐만 아니라 과한 다이어트나 수유로 인해 처진 가슴에 리프팅 효과를 주고 옆구리, 팔뚝, 종아리 등 다양한 부위에 적용이 가능해 모든 연령대의 여성들에게 각광받고 있다.

아큐스컬프 시술은 주로 처진 볼 살, 턱살, 이중 턱, 팔자주름과 같이 면적이 넓지 않고 다이어트로 뺄 수 없는 부위까지 선택적으로 집중 관리해준다.

이를 통해 얼굴의 윤곽을 살려주고 탄력 있는 얼굴을 만들어 주기 때문에 선호도가 높아지는 추세이다.

그림 8-10 아큐 스컬프

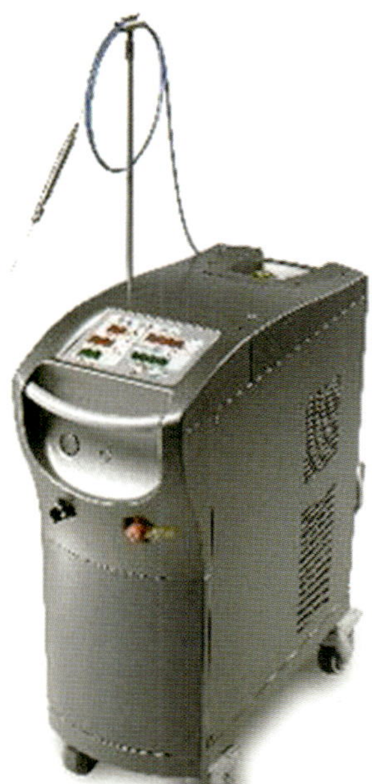

아큐스컬프와 일반 지방제거 레이저의 차이점

구분	아큐 스컬프(1444nm)	일반 지방 제거 레이저(1064nm)
시술 시간	30분~1시간	1~2시간
시술 부위	얼굴 과 바디	바디
에너지 전달	지방세포만 분해하고 미세관으로 지방흡입	일부 지방을 녹이거나 파괴하여 지방 흡입
마취방법	국소마취(수면마취)	전신마취
회복기간	시술 후 바로 일상생활 가능	1주일 내외
시술효과	콜라겐 형성으로 피부재생 및 주름개선과 지방제거	지방제거

05
IPL(Intense Pulsed Light)

IPL은 단일파장의 광선을 방출하는 레이저 장비와는 달리 515~1200nm의 다양한 파장의 빛을 강한 펄스형태로 방출시켜 치료하는 장비이다.

주로 잡티, 주근깨 등의 표재성 색소병변에 간편하게 사용되고 안면홍조, 모세혈관 확장증 등의 혈관병변에도 사용이 가능하다. 또한 모공축소, 제모, 잔주름 및 탄력저하의 개선 등에도 사용되어 복합적인 치료 장비로 각광을 많이 받고 있는 장비이다.

적은 에너지로도 주근깨, 잡티, 색소침착, 혈관질환 및 제모의 효과를 동시에 볼 수 있도록 계속 업그레이드 된 IPL 기기들이 나오고 있으며 기존의 2~3가지의 필터에서 7가지의 필터를 사용하여 맞춤 치료가 가능해지고 있다.

주로 피부색이 흰 사람에게 효과가 탁월하며 3~4주 간격으로 3회에서 5회 정도 실시하고, 피부상태에 따라 너무 강한 에너지를 조사한 경우에는 화상이나 염증 후 색소침착(PIH)등의 부작용이 있을 수 있다.

적응증

560nm - 잡티, 주근깨, 흑자, 검버섯, 피부결 개선, 모세혈관 확장증등

640nm - 제모, 기미등

IPL 시술 전후 관리

1. 시술 전 마취크림을 도포하거나 차가운 롤을 이용하여 쿨링한다.
2. 시술 시에는 차갑게 준비한 레이저용 젤을 도포한다.
3. 개인별 차이는 있지만 약 80~120 shots으로 의사가 시술한다.
4. 시술 직후에는 쿨링을 철저히 한다.
5. 색소가 있는 부위에 더 짙게 딱지가 생길 것을 미리 설명하다.
5. 인위적인이고 물리적인 제거는 금한다.
6. 세안이나 화장은 시술 직후부터 가능하다.
7. 철저한 자외선 차단이 필수적이다.
8. 사우나, 수영 등을 피한다.

그림 8-11 IPL 시술

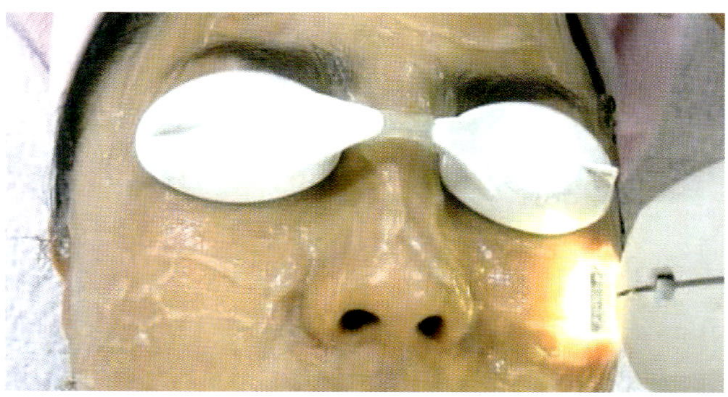

그림 8-12 IPL 시술 후 나타나는 홍반

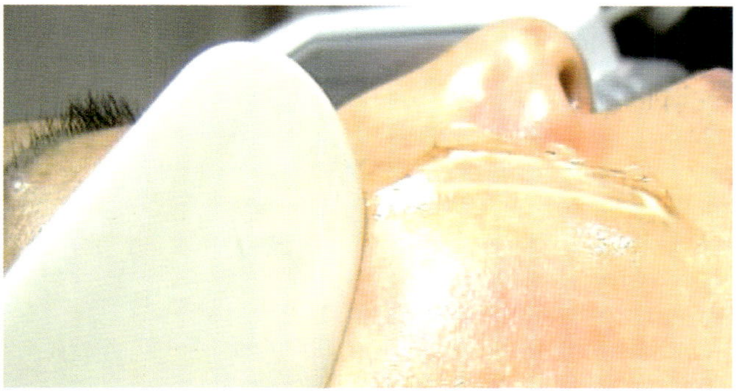

그림 8-13 IPL 시술후 crust(딱지) 생성

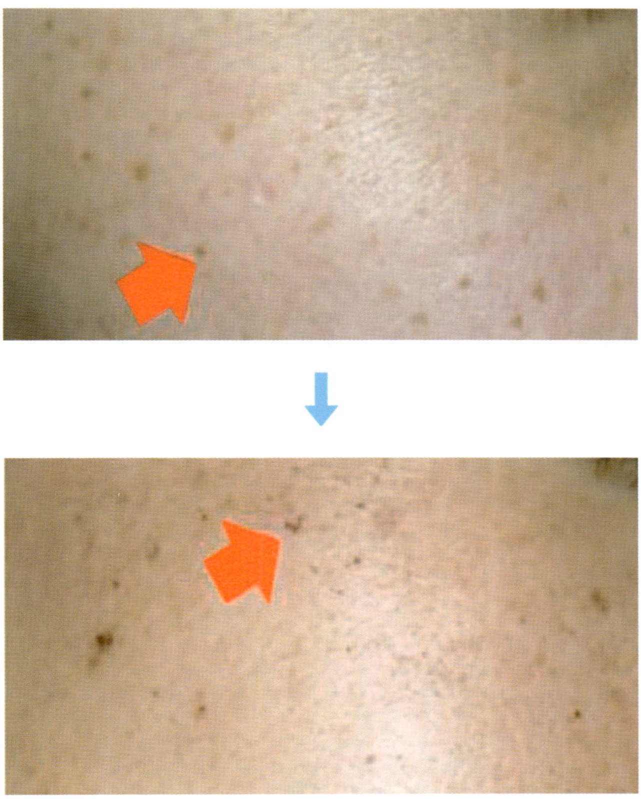

06
고주파(Radiofrequency)

1926년 아크(Arc) 방전 시에 발생하는 고주파 에너지를 이용한 전기메스가 뇌종양의 무혈수술시 시행된 이래 의료영역에서 광범위하게 쓰이고 있다.

고주파 전류를 인체조직에 가하면 진동 폭이 매우 짧기 때문에 이온 운동이거의 일어나지 않으며 전기화학적 반응 또는 전기분해 현상이 없고, 그 전류의 경로 안에서 열에너지로 변환되어 심부열을 발생시킨다. 다른 전류 형태와 달리 감각신경 및 운동신경을 자극하지 않는 고주파 전류는 인체 내 불편함이나 근육수축을 일으키지 않으면서 신체조직 안의 특정부위를 가열할 수 있다.

생체 열에너지로 변환된 고주파에너지는 조직의 온도를 상승시켜 세포의 기능을 증진시키고 혈류량을 증가시키며, 섬유모세포를 자극하는 작용으로 피부에서 새로운 콜라겐과 엘라스틴이 생산되어 피부탄력증대, 잔주름 개선 등의 효과가 있다.

최근에는 이러한 고주파의 원리를 응용하여 다양한 장비들이 나오고 있다. 피부미용 적으로는 대표적으로 잘 알려진 써마지가 있고 MTS와 고주파의 원리를 이용한 다양한 기기들이 활용되고 있다.

1) 써마지

고주파 에너지를 이용해 진피 깊은 조직까지 콜라겐의 수축과 재생성을 촉진시키는 작용을하는 단극성(Monapolar) 고주파 장비이다.

표피는 급속 냉각시켜 피부손상을 최소화하고 진피층 온도만 순간적으로 45~50℃ 까지 올려 노화된 콜라겐을 수축시켜 탄력을 회복시키고 새로운 콜라겐 생성을 유도하여 얼굴주름, 피부탄력감소, 목주름, 여드름 흉터에 효과적으로 사용되고 있다.

계속 진화된 써마지로 수술하지 않고 주름을 치료하는 리프팅 기기로 사용한다.

피부 표면을 냉각하여 통증을 감소시키고 치료 후 6개월에 걸쳐 콜라겐 재생이 이루어져 1~2회 시술로도 좋은 결과를 나타낸다고 하며 진피층 아래 피하지방가지 열을 전달하여 셀룰라이트 치료와 몸매 교정 목적으로도 사용이 가능하다.

Shot의 횟수에 따라 금액을 결정하고 많은 shot은 목 부위까지 가능하다고 알려져 있다.

그림 8-14 써마지의 변화

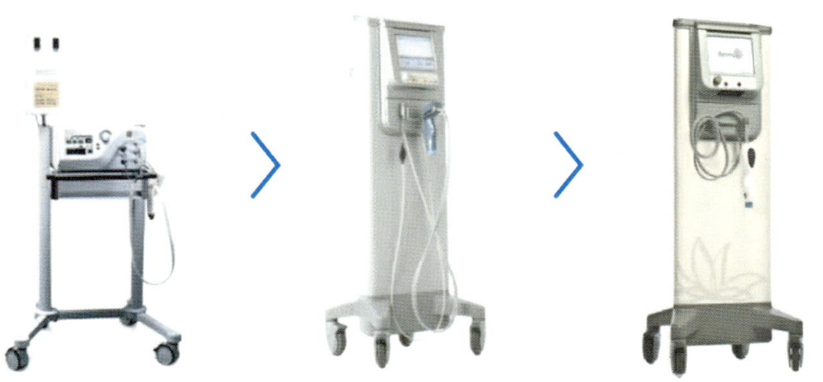

1세대 써마쿨 / 2세대 써마지NXT / 3세대 써마지CPT (2011년 국내허가)

그림 8-15 써마지 시술 장면

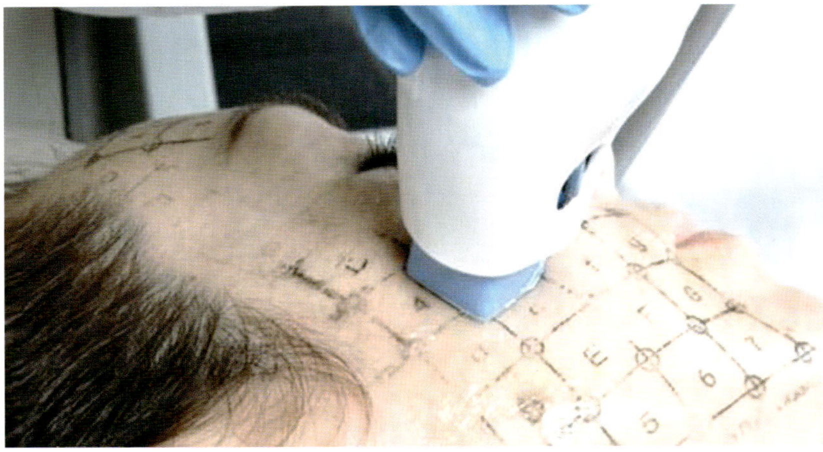

07
MTS(Microneedle therapy system)

많은 수의 가는 바늘이 달린 롤러를 이용하여 피부노화, 주름, 흉터를 치료하는 방법이다.

흔히 사용하는 롤러는 0.07nm 두께의 가늘고 정교한 192개의 바늘의 길이에 따라 표피층과 진피층을 자극하여, 니들링(needling) 자체만으로도 섬유모세포를 자극하여 콜라겐 형성 등을 좋게 할 뿐 아니라 비타민, 태반, 히알루론산 등의 약물을 사용함으로써 약물의 흡수를 진피층으로 유도하는 방법이다.

개인용은 0.2mm이며 의료용은 0.5mm~2.0mm의 침 길이를 사용 할 수 있다. 프락셔날 RF로 MTS와 같은 니들 핸드피스에 고주파가 조사되는 인트라셀이나 스칼렛 등의 기기도 있다.

MTS의 장점 및 주의 사항

장점	주의사항 및 부작용
• 수많은 바늘에 의해 4~5분당 미세한 구멍수가 약 20만개 형성되므로, 짧은 시간에 효율적으로 시술할 수 있다. • 부작용이 거의 없어 안전학 빠른 효과를 나타낼 수 있다. • 다른 시술에 대해 접목, 병행, 보완이 가능하며 시너지 효과를 얻을수 있다. • 경제적으로 저렴하다. • 수술없이 피부의 노화개선효과를 가져올수 있다. • 기존의 레이저박피나 기계박피에 비해 회복기간이 빠르다. • 시술 후 일상생활에 지장이 거의 없다.	• 롤러는 감염방지를 위해 반드시 1회용으로 사용해야 한다. • 출혈성 질환이 있는 환자나 아스피린을 복용하는 경우는 시술을 피해야 한다. • 너무 강한 사용으로 색소침착이나 흉터가 발생할 수 있다. • 시술 후 멍이 발생할 수 있으며 비타민K 크림이 도움이 된다. • 시술 후에는 보습제나 자외선 차단제를 사용해야하고 음주, 탕 목욕이나 사우나는 피한다.

그림 8-16 MTS 롤러

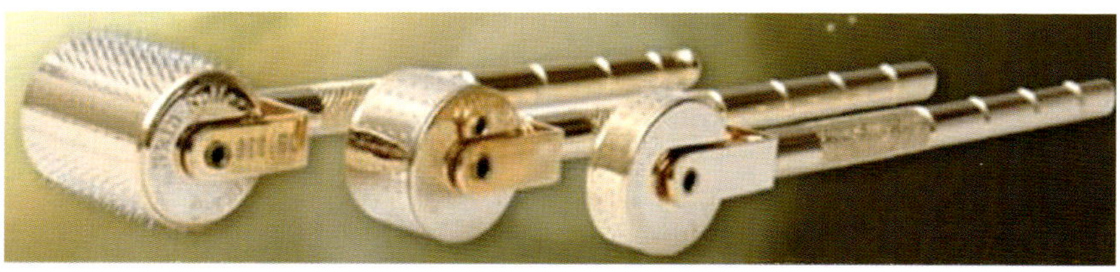

그림 8-17 자동 MTS 기기 FNS(Fractional Needling System)

08
초음파 장비-울쎄라

초음파장비는 초음파의 열 효과를 이용하여 피부로부터 3~4.5mm 깊이의 피부와 근육을 연결하는 안면부의 특수한 부분인 SMAS(Supersicial Muscular Aponeurotic System : 표층근건막)층에 초음파 에너지를 조사하여 열 응고를 시키고 상처치유 반응을 촉진하여 새로운 콜라겐 재생과 더불어 즉각적인 타이트닝 효과를 만들어 준다. 울쎄라 초음파 장비는 FDA에서 리프팅장비로 승인받았고 새로운 개념의 안면 거상술로도 불리고 있다.

그림 8-18 울쎄라(초음파 장비)

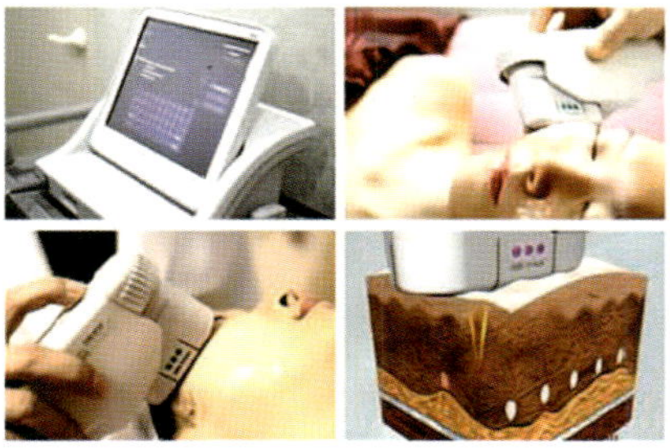

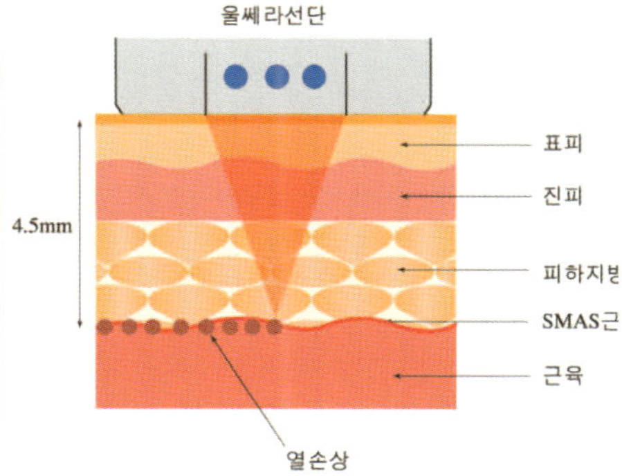

09 기타 피부 장비

1) LED

열을 발생시키지 않고 광화학작용(Photochemical effect)을 통해 치료효과를 나타내는 일종의 저출력 레이저이다.

90년대 말까지 LED의 적색영역(630~670nm)과 적외선 영역(830~1300nm)의 생체촉진 효과와 청색 영역과 자외선 영역의 감염방지 효과에 대한 연구가 활발히 이루어졌다.

LED가 세포의 증식을 자극하고 세포재생을 촉진하여 상처 치료에 도움을 주며 통증완화와 상처회복에 효과가 있는 것으로 밝혀졌고, 특히 LED의 RED(635nm)와 IR(830nm)을 동시에 조사 하였을 때 상처치유와 세포재생 효과가 크다.

이러한 안전한 효과 때문에 여드름, 탈모등 피부과 영역에서 포토테라피(PhotoTherapy라 불리며 다양하게 쓰이고 있다.

LED의 적응증

420nm Blue light	635nm Red light	830nm 및 적외선(IR)
항박테리아, 여드름 치료및 PDT, 두피 지루성 피부염	항염, 표피상처 진정, 재생 및 레이저시술 후 홍반치료	심부 상처재생, 통증완화 및 레이저시술 후 홍반치료

그림 8-19 LED 635nm Red light 조사

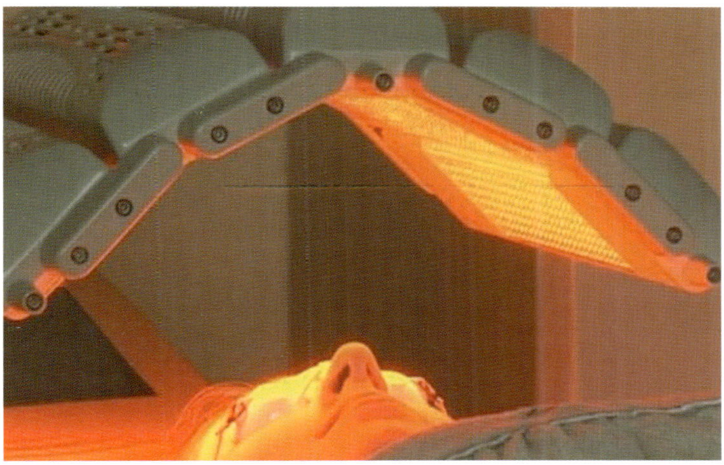

2) 전기 천공법

피부에 고압의(10μs~100ms)의 전기적 펄스를 주면 피부 장벽을 구성하는 세포 간 이중지질막이 교란되어 피부표면에 일시적인 홀을 만들어 순간적으로 약물을 세포내로 들여보내는 원리이다. 일정분자량(40,000달톤이하)이면 어떠한 약물이라도 적용할 수 있어

미백관리, 피부노화 치료, 탈모치료에 사용되고 있다. 뿐만 아니라 다양한 시술과 병합하여 다양하게 쓰여질수 있는 장점이 있다. 주로 약물의 투여나 레이저후의 진정 관리로 크라이오셀, 스킨 쿨, 포레덤등 여러 가지 이름의 장비로 사용되고 있다.

(1) 크라이오셀(Cryocell)

냉동 전기 천공법으로 아이스테라피의 일종이다. 주사를 사용하지 않고 피부의 약물 침투를 극대화 시키는 장비로 이온, 전기 침투로 약물의 효과를 최대로 나타내며 냉각기능이 있어 피부를 진정시키는데 큰 효과가 있어 최근 각광받고 있는 장비이다. 피부표면을 차갑게 냉각시켜 정류의 힘으로 피부에 일시적인 홀을 만들어 앰플의 침투를 극대화시켜 기존의 재생보다 약 10배 이상 침투효과를 나타낸다. 10℃ 이하의 냉각시스템으로 피부의 진정효과가 크며 모세혈관을 수축시켜 홍조와 예민 피부에도 효과적이다.

그림 8-20 크라이오셀

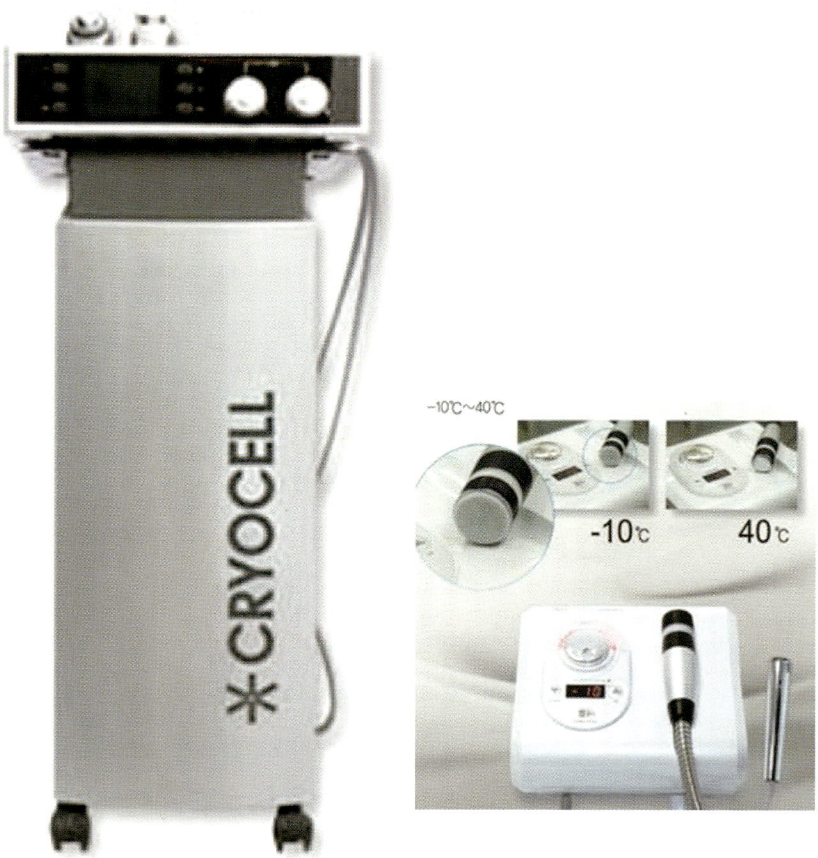

크라이오셀의 효과

- 주름, 탄력개선
- 레이저 시술 직후의 진정 및 통증완화
- 레이저 시술후의 재생관리
- 혈관 수축을 통한 안면홍조 완화
- 기미, 색소침착 개선
- 국소부위 혈액순환 촉진
- 피부진정효과

그림 8-21 스킨 쿨링 시스템의 원리

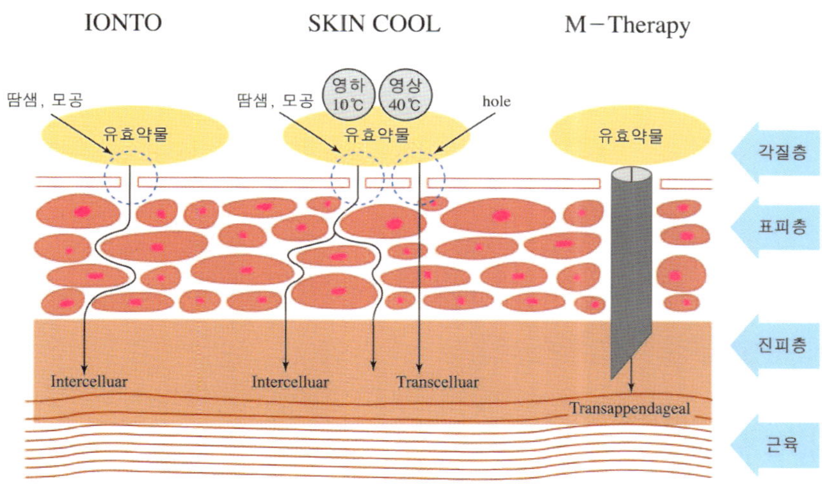

〈참고문헌〉

피부미용 기기학. 강신옥, 김계숙, 임진숙. 2012년, 훈민사

피부미용 기기관리학. 한영숙 외, 2013년, 정담미디어

미용기기관리학. 김춘자외, 2001년, 훈민사

미용기기학. 하병조, 2012, 신광출판사

미용기기학. 김봉인 외, 2013, 메디시언

피부미용기기학. 원윤경, 2006, 훈민사

피부미용 기기학. 채순님 외, 2010년, 정담미디어

피부미용학. 김유정 외, 2013년, 구민사

메디컬스킨케어. 김유정 외, 2013, 구민사

기기&기기시술 사진 참조. ㈜ 은성글로벌